BUS driving

최신판

양재호의
버스운전 자격시험

유튜브(Youtube) 무료강의 제공

교통공학박사 **양재호** 著

- 100% 기출문제로만 구성
- 과목별 핵심이론 및 기출 모의고사 수록
- 각 문제별 명료한 해설 첨부
- 실시간 응답형 카페 운영

동영상 강의

인터넷 카페

TranBooks

이 책의 특징

버스운전자격시험은 문제은행 시험으로, 전체 문제가 정해져 있고 그중에서 무작위로 출제됩니다. 따라서 **기출문제를 어떻게 공부하느냐**가 최대의 관건인 시험입니다.

저자가 직접 책을 사서 공부를 해보고, 시험을 치르면서 느낀 점은 **현재 시중에 나와 있는 문제집들은 정작 중요한 기출문제가 아닌** 자체적으로 만든 모의 예상문제들로만 구성되다 보니 막상 **시험장에 가서 문제를 마주하게 되면 공부한 문제가 하나도 안보이더라**는 것입니다. 게다가 **너무 많은 이론내용을 포함**하고 있어 일일이 읽다보면 모의문제를 풀기도 전에 지치게 되는 따분한 편집형식을 고집하고 있었습니다.

이러한 문제점을 극복하고 **자격시험을 한 번에 통과하기 위한 최적화된 책이 필요하다**고 생각하여 이 책을 쓰게 되었습니다.

이 책은 기출문제를 토대로 한 실전문제로 이루어져 있어 출제유형을 제대로 파악할 수 있습니다. 간략한 해설을 앞에서 문장형식으로 제공하고 있으므로 한번 쭉 읽어보고 바로 문제풀이에 들어가시는 방식으로 공부하시면 됩니다. 문제마다 간단하고 명쾌한 해설을 달아서 문제만 읽는 그 자체로도 공부가 되도록 하였으며 따분한 이론 설명은 과감히 삭제하였습니다.

유튜브 무료 동영상 강의와 병행하여 학습하신다면 충분히 합격 가능합니다.

유튜브 검색 "양재호의 도시교통" - 버스운전자격시험

https://youtu.be/pXRXchs2PMQ?si=dylNck5xaY8ueoZD

자격시험 카페도 운영되고 있습니다. 학습 중 궁금한 점이나 접수방법 등 세부적인 사항까지 질문답변게시판을 통해 많은 분들이 소통하고 있습니다.

www.truckbustaxi.com

저자의 글

버스운전자격시험 수험서는 공학적인 내용을 전달하여야 할 뿐만 아니라 법규, 서비스 분야를 아우르는 다양한 지식을 가지고 있어야 쓸 수 있는 책이기에 처음 집필을 시작할 때부터 어려운 과정의 연속이었습니다.

그렇지만 하나하나 연구하고 채워나가며 책을 쓰는 동안 이 책을 공부하게 될 운수종사자 여러분의 모습이 점점 또렷이 머릿속에 그려지는 것을 느끼게 되었고, 그러한 모습을 바탕으로 보다 쉽고 빠르게 독자분들이 이 책의 내용을 이해하는 방법이 없을까를 계속적으로 고민하게 되었습니다.

그러한 인고의 과정에서 나온 책이기에 어떤 책보다 더 애정이 가고 관심이 가는 책이 바로 이 책입니다.

아무쪼록 이 책을 학습하는 모든 분들이 큰 어려움 없이 쉽게 자격증을 취득할 수 있었으면 하는 바람 간절합니다.

짧은 주기를 가지고 지속적으로 업데이트하면서 늘 최신의 상태를 유지하여 대한민국 최고의 버스운전 자격시험 수험서로 자리매김할 수 있도록 관리하겠습니다.

이 글을 읽는 여러분의 합격을 기원합니다.

감사합니다.

저자 교통공학박사
양 재 호

1. 버스운전자격증 소개

버스운전 자격시험이란?
여객자동차 운수사업법령이 개정·공포('12년 2월 1일)됨에 따라 노선 여객자동차 운송사업(시내·농어촌·마을·시외), 전세버스 운송사업 또는 특수여객자동차운송사업의 사업용 버스 운전업무에 종사하려는 운전자는 '12년 8월 2일부터 시행되는 버스운전 자격제도시험에 합격 후 버스운전 자격증을 취득하여야 함

2. 버스운전자격증 취득방법

1단계 - 자격요건 확인

❶ 사업용 자동차를 운전하기에 적합한 운전면허 소지자
  - 제1종 대형 또는 제1종 보통 운전면허 소지자
❷ 만 20세 이상
❸ 운전경력 1년 이상
  - 운전면허 보유기간이 기준이며 취소 및 정지기간은 제외
❹ 운전적성정밀검사 규정에 따른 신규검사 기준에 적합한 사람
❺ 여객자동차운수사업법 제24조 제3항의 결격사유에 해당되지 않는 사람
❻ 버스운전자격이 취소된 날부터 1년이 지나지 아니한 자는 운전자격시험에 응시할 수 없음(정기적성검사 미필로 인한 면허 취소 제외)

※ 1,2,3,4,5,6 모두 충족해야 함

2단계 - 운전적성 정밀검사

❶ 전국 한국교통안전공단 15개 지역에서 시행
❷ 날짜와 장소 예약 후 방문하여 검사
❸ 예약방법
  1) 전화 : 1577-0990
  2) 인터넷 : 한국교통안전공단 〉사업소개 〉운전적성정밀검사
❹ 유효기간 : 3년
  1) 3년 미경과자는 기존의 검사결과 사용 가능
  2) 3년 경과자는 경과 기간 내에 사업용 운전경력이 있고, 무사고인 경우 면제
❺ 준비물 : 수수료 25,000원, 운전면허증, 안경(필요시)

3단계 시험접수
- 인터넷 접수 : https://lic.kotsa.or.kr/bus/
- 준비물 : 수수료 11,500원, 운전면허증, 사진2장(인터넷 접수시 JPEG로 사진을 등록하신 분은 별도로 준비할 필요없음)
- ※ 응시 1일전까지 취소 가능

4단계 시험응시
- 장소 : 접수시 본인이 선택한 장소
- 과목 : 교통, 운수관련 법규 및 교통사고 유형(25문항), 자동차 관리요령(15문항), 안전운행 요령(25문항), 운송서비스(15문항) - 총 80문항, 80분
  - 문항당 1.25점 총 100점 만점 중 60점 이상(48문항)

5단계 합격자 발표
- 컴퓨터시험(CBT) : 현장에서 바로 확인가능

6단계 자격증 발급
- 발급신청서 제출 즉시 현장 발급 (합격 후 30일 이내 신청)
- 발급수수료 10,000원

목차

01 이론 및 문제해설

1. 교통, 운수 관련 법규 및 교통사고 유형 ·············· 9
2. 자동차 관리요령 ·············· 62
3. 안전운행요령 ·············· 86
4. 운송서비스 ·············· 124

02 실전모의고사

1. 실전모의고사 1회 ·············· 147
2. 실전모의고사 2회 ·············· 172
3. 실전모의고사 3회 ·············· 196
4. 실전모의고사 4회 ·············· 220
5. 실전모의고사 5회 ·············· 245

PART 01

이론 및 문제해설

1. 교통, 운수 관련 법규 및 교통사고 유형
2. 자동차관리요령
3. 안전운행요령
4. 운송서비스

동영상 강의

인터넷 카페
www.truckbustaxi.com

1. 교통, 운수 관련 법규 및 교통사고 유형

1. 여객자동차운수사업법

01. 관할관청 : 여객자동차운수사업법 시행규칙 제3조 및 제4조에 따라 관할이 정해지는 국토교통부장관이나, 「대도시권 광역교통 관리에 관한 특별법」 제8조에 따른 대도시권광역교통위원회, 특별시장·광역시장·특별자치시장·도지사 또는 특별자치도지사를 말한다.

02. 운행계통 : 노선의 기종점과 그 기종점 간의 운행경로·거리·횟수 및 대수를 총칭한 것을 말한다.

03. 노선 : 자동차를 정기적으로 운행하거나 운행하려는 구간을 말한다.

04. 여객자동차 운송사업 : 다른 사람의 공급에 응하여 자동차를 사용하여 유상으로 여객을 운송하는 사업

05. 전세버스 운송사업 : 운행계통을 정하지 아니하고 전국을 사업구역으로 정하여 1개의 운송계약에 따라 국토교통부령으로 정하는 자동차를 사용하여 여객을 운송하는 사업으로 회사나 학교와 운송계약을 체결하여 그 소속원만의 통근·통학 목적으로 자동차를 운행하는 운송사업을 말한다.

06. 농어촌버스 운송사업 : 주로 군(광역시의 군은 제외)의 단일 행정구역에서 운행계통을 정하고 국토교통부령으로 정하는 자동차를 사용하여 여객을 운송하는 사업

07. 마을버스 운송사업 : 주로 시·군구의 단일 행정구역에서 기점·종점의 특수성이나 사용되는 자동차의 특수성 등으로 인하여 다른 노선 여객자동차 운송사업자가 운행하기 어려운 구간을 대상으로 국토교통부령으로 정하는 기준에 따라 운행계통을 정하고 국토교통부령으로 정하는 자동차를 사용하여 여객을 운송하는 사업

08. 시외버스 운송사업 : 운행계통을 정하고 국토교통부령으로 정하는 자동차를 사용하여 여객을 운송하는 사업으로 시내버스, 농어촌버스, 마을버스운송사업이 아닌 사업

09. **특수여객자동차 운송사업용 자동차** : 특수여객자동차 운송사업용 자동차로는 일반장의 자동차 및 운구전용장의자동차로 구분되는 특수형 승합자동차 또는 승용자동차가 사용된다.

10. 시외우등고속버스는 고속형에 사용되는 것으로서 원동기 출력이 자동차 총 중량 1톤당 20마력 이상이고 승차정원이 29인승 이하인 대형승합자동차를 말한다.

11. **광역급행형** : 시내버스운송사업의 운행 형태 중에 시내 좌석버스를 사용하고 주로 고속국도, 주간선도로 등을 이용하여 기종점에서 5km 이내에 위치한 각각 4개 이내의 정류소에 정차하고, 그 외의 지점에서는 정차하지 않는 운행 형태.

12. 고속형 시외버스를 고속버스라 한다.

13. **한정면허** : 여객의 특수성 또는 수요의 불규칙성 등으로 노선 여객 자동차운송사업자가 운행하기 어려운 경우 공항, 고속철도, 대중교통 등 이용자의 교통 불편을 해소하기 위하여 허가하는 면허

14. 운송사업자가 시·도지사에게 신규 채용한 운수종사자의 명단을 알릴 때에는 보유하고 있는 운전면허의 종류와 취득 일자를 포함한다.

15. 신규로 여객자동차 운송사업용 자동차를 운전하려는 자가 받는 적성검사는 신규검사이다.

16. 버스운전자격시험은 총 100점 중 60점 이상 득점하여야 합격한다.

17. 여객자동차 운수종사자 과태료 부과기준
- 정당한 사유 없이 여객의 승차를 거부하거나 여객을 중도에 내리게 하는 경우
- 부당한 운임 또는 요금을 받는 경우
- 일정한 장소에 오랜 시간 정차하여 여객을 유치하는 경우
- 문을 완전히 닫지 아니한 상태에서 자동차를 출발시키거나 운행하는 경우

18. 버스운전자격증을 타인에게 대여한 경우 버스운전자격이 취소된다.

19. 여객자동차 운수종사자 신규교육은 최초 1회만 받으며 16시간을 이수해야 한다.

20. 시·도지사는 자가용자동차를 사용하는 자가 자가용자동차를 사용하여 여객자동차 운송사업을 경영한 경우이거나 허가를 받지 아니하고 자가용자동차를 유상으로 운송에 사용하거나 임대한 경우에 6개월 이내의 기간을 정하여 그 자동차의 사용을 제한

하거나 금지할 수 있다.

21. 여객자동차의 차량충당연한의 기산일은 제작연도에 등록되었으면 최초의 신규등록일, 제작연도에 등록되지 아니하였으면 제작연도의 말일로 한다.

22. 차고지가 아닌 곳에서 밤샘주차를 한 경우 시내·농어촌·마을·시외버스에는 1차 10만 원, 2차 15만원, 전세·특수여객에는 1차 20만원, 2차 30만원의 과징금이 부과된다.

23. 속도제한장치 또는 운행기록계가 장착된 운송사업용 자동차를 해당 장치 또는 기기가 정상적으로 작동되지 않은 상태에서 운행한 경우 1차 60만원, 2차 120만원, 3차 이상 180만원의 과징금이 부과된다.

24. 하차문이 있는 노선버스(시외직행, 시외고속 및 시외우등고속은 제외한다.)에는 압력감지기 또는 전자감응장치, 가속페달 잠금장치를 설치하고 정상 작동되는 상태에서 운행하여야 한다.

25. 시내·마을·농어촌버스는 노선버스에 해당한다. 전세버스는 노선버스가 아니다.

26. 운송사업자가 운수종사자에게 여객의 좌석안전띠 착용에 관한 교육을 실시하지 않은 경우 1회 위반 시는 20만 원, 2회 위반 시는 30만 원, 3회 위반 시는 50만 원의 과태료가 부과된다.

2. 도로교통법

27. 자동차전용도로는 자동차만 다닐 수 있도록 설치된 도로를 말한다.

28. **보도** : 연석선, 안전표지나 그와 비슷한 인공구조물로 경계를 표시하여 보행자가 통행할 수 있도록 한 도로의 부분

29. **중앙선** : 차마의 통행 방향을 명확하게 구분하기 위하여 도로에 황색 실선이나 황색 점선 등의 안전표지로 표시한 선 또는 중앙분리대나 울타리 등으로 설치한 시설물을 말한다.

30. **차도** : 연석선, 안전표지나 그와 비슷한 인공구조물을 이용하여 경계를 표시하여 모든 차가 통행할 수 있도록 설치된 도로의 부분을 말한다.

31. **차로** : 차마가 한 줄로 도로의 정하여진 부분을 통행하도록 차선(車線)으로 구분한 차

도의 부분을 말한다.

32. **정차** : 운전자가 5분을 초과하지 아니하고 차를 정지시키는 것으로서 주차 외의 정지상태

33. **원동기장치자전거** : '자동차관리법'에 따른 이륜자동차 가운데 배기량이 125cc 이하인 이륜자동차

34. **서행** : 운전자가 차를 즉시 정지시킬 수 있는 정도의 느린 속도로 진행하는 것

35. **운전** : 도로에서 차마를 그 본래의 사용방법에 따라 사용하는 것

36. **규제표지** : 각종 제한, 금지 등의 규제를 도로사용자에게 알리는 표지

37. **지시표지** : 도로의 통행방법·통행구분 등 도로교통의 안전을 위하여 필요한 지시를 하는 경우 도로사용자가 이를 따르도록 알리는 표지

38. 큰 동물을 몰고 가는 사람은 차도의 우측을 이용하여 통행할 수 있다.

39. 보행자는 안전표지 등에 의하여 횡단이 금지되어 있는 도로의 부분에서는 그 도로를 횡단하여서는 아니 된다.

40. 보행자는 횡단보도가 설치되어 있지 아니한 도로에서는 가장 짧은 거리로 횡단하여야 한다.

41. 지체장애인의 경우에는 다른 교통에 방해가 되지 아니하는 방법으로 도로 횡단시설을 이용하지 아니하고 도로를 횡단할 수 있다.

42. 도로교통법상 편도 4차로의 고속도로에서 차로에 따른 통행차의 기준
    - 1차로 : 앞지르기를 하려는 승용자동차 및 앞지르기를 하려는 경형·소형·중형 승합자동차. 다만, 차량통행량 증가 등 도로상황으로 인하여 부득이하게 시속 80킬로미터 미만으로 통행할 수밖에 없는 경우에는 앞지르기를 하는 경우가 아니라도 통행할 수 있다.
    - 왼쪽차로 : 승용자동차 및 경형·소형·중형 승합자동차
    - 오른쪽차로 : 대형 승합자동차, 화물자동차, 특수자동차, 법 제2조제18호나목에 따른 건설기계

43. 최고속도의 100분의 50을 줄인 속도로 운행하는 경우
    - 가시거리가 100m 이내인 경우
    - 노면이 얼어붙은 경우
    - 눈이 20mm 이상 쌓인 경우

44. 최고속도의 100분의 20을 줄인 속도로 운행하는 경우
- 노면이 젖어 있는 경우
- 눈이 20mm 미만 쌓인 경우

45. **안전거리** : 앞 차의 급정지에 대비하고 추돌사고의 예방을 위해 확보하는 거리

46. **제동거리** : 제동되기 시작하여 정지될 때까지 주행한 거리

47. **공주거리** : 운전자가 위험을 느끼고 엑셀에서 발을 떼어 브레이크를 밟기 직전까지 주행한 거리

48. **시인거리** : 육안으로 물체를 알아볼 수 있는 거리

49. 교차로에서 긴급자동차가 접근하면 교차로를 피하여 일시정지하여야 한다.

50. **주정차 금지장소**
- 교차로의 가장자리 또는 도로의 모퉁이로부터 5m 이내인 곳
- 건널목의 가장자리 또는 횡단보도로부터 10m 이내인 곳
- 안전지대가 설치된 도로에서는 그 안전지대의 사방으로부터 각각 10m 이내인 곳

51. 자동차의 운전자가 그 영향으로 인하여 운전이 금지되는 약물은 흥분 · 환각 또는 마취의 작용을 일으키는 유해화학물질이며 행정자치부령은 이를 운전이 금지되는 약물로 규정하고 있다.

52. **일시정지** : 반드시 차가 멈추어야 하되, 얼마간의 시간 동안 정지상태를 유지하는 교통상황의 의미

53. 모든 운전자의 준수사항 중 일시정지 하여야 하는 경우
- 어린이가 도로상에서 활동하여 교통사고위험이 있음을 인지하였을 때
- 시각장애인이 도로를 횡단하고 있을 때
- 지체장애인이나 노인 등 교통약자가 도로를 횡단하고 있을 때

54. 운전자가 휴대용 전화를 사용할 수 있는 경우
- 자동차가 정지하고 있는 경우
- 긴급자동차를 운전하는 경우
- 각종 범죄 및 재해 신고 등 긴급한 필요가 있는 경우
- 손으로 잡지 않고 휴대용 전화를 사용할 수 있도록 해주는 장치를 이용하는 경우

55. 어린이통학버스로 사용할 수 있는 자동차는 승차정원 9인승 이상의 자동차로 한다.

56. 어린이통학버스는 황색으로 규정되어 있다.

57. 자동차의 운전자는 고속도로 및 자동차 전용도로에서 횡단, 유턴, 후진하여서는 아니 된다.

58. 고속도로 및 자동차전용도로에서는 갓길통행, 횡단, 정차 및 주차가 금지되어 있다.

59. 고장자동차의 표지는 낮의 경우 그 자동차로부터 100m 이상의 뒤쪽 도로상에, 밤의 경우는 200m 이상의 뒤쪽 도로상에 각각 설치해야 한다. (2017. 6. 2. 도로교통법이 개정되어 거리규정이 삭제되고 후방에서 접근하는 자동차의 운전자가 확인할 수 있는 위치에 설치하도록 바뀌었다.)

60. **특별교통안전교육의 종류**

구분 분류	특별교통안전교육	
	특별교통안전 의무교육	특별교통안전 권장교육
종류	음주운전교육, 배려운전교육, 법규준수교육	법규준수교육, 벌점감경교육, 현장참여교육, 고령운전교육

61. 법규준수교육 + 현장참여교육 = 30일 추가 감경

62. 현장참여교육은 법규준수교육을 받은 사람에 한해서 실시된다.

63. 교통사고로 사람을 죽게 하거나 다치게 하고, 구호조치를 하지 아니한 때에는 운전면허가 취소된다.

64. 음주운전 사상 후 미구호 미조치한 경우는 면허 취소일로부터 5년이 경과하여야 면허를 받을 수 있다.

65. 특별한 교통안전교육을 받아야 하는 경우
    - 운전 중 고의 또는 과실로 교통사고를 일으켜 운전면허가 취소된 경우
    - 적성검사를 받지 아니하거나 그 적성검사에 불합격한 경우
    - 교통단속 임무를 수행하는 경찰 공무원을 폭행한 경우

66. 제1종 대형면허 또는 제1종 특수면허를 받으려면 19세 이상, 운전경험 1년 이상이어야 한다.

67. 제1종 면허 중 보통면허는 승차정원 15인 이하의 승합자동차를 운전할 수 있으므로 16인 이상의 승합자동차를 운전하려면 제1종 대형면허가 필요하다.

68. 운전 중 휴대용 전화 사용 시에는 15점의 벌점이 부과된다.

1. 교통, 운수 관련 법규 및 교통사고 유형

69. **누산점수** : 위반·사고 시의 벌점을 누적하여 합산한 점수에서 상계치(무위반·무사고 기간 경과 시에 부여되는 점수 등)를 뺀 점수를 말한다.

70. **처분벌점** : 구체적인 법규위반·사고야기에 대하여 앞으로 정지처분기준을 적용하는 데 필요한 벌점을 말한다.

71. 운전면허 취소 시 감경 사유에 해당하는 경우에는 처분벌점을 110점으로 한다.

72. 사고발생 시부터 72시간 이내에 사망한 인적 피해 교통사고의 경우에는 사망 1명마다 90점의 벌점이 부과된다.

73. **범칙금과 벌점**
    안전띠 미착용은 승용차, 승합차 모두 3만 원이다.
    승합자동차의 경우 제한속도를 20km/h 이하로 넘긴 속도위반은 3만 원의 범칙금이 부과된다. 승합자동차의 경우 신호·지시 위반 시에는 7만 원의 범칙금이 부과된다.
    승합자동차의 경우 고속도로 및 자동차전용도로에서 안전거리 미확보 시 범칙금 5만 원이 부과된다.
    철길건널목 통과방법 위반 시에는 범칙금 7만 원과 벌점 30점이 부과된다.

74. **음주 또는 약물의 영향으로 정상적인 운전이 곤란한 상태에서 자동차 등을 운전하여 사람을 사망에 이르게 한 경우** : 1년 이상 유기징역
    운전자가 피해자를 사고 장소로부터 옮겨 유기하고 도주하였을 때 피해자를 상해에 이르게 한 경우 : 3년 이상의 유기징역
    사람을 상해한 경우 : 10년 이하의 징역 또는 500만 원 이상, 3천만 원 이하의 벌금
    사고운전자가 피해자를 구호하는 등의 조치를 하지 아니하고 도주한 경우, 또는 사고 장소로부터 옮겨 유기하고 도주한 경우, 위험운전 치사상의 경우에 가중처벌 받는다.

75. **노면표시의 기본색상**
    - 백색은 동일 방향의 교통류 분리 및 경계표시
    - 황색은 반대방향의 교통류분리 또는 도로이용의 제한 및 지시(중앙선표시, 노상장애물 중 도로중앙장애물표시, 주차금지표시, 정차·주차금지표시 및 안전지대표시)
    - 청색은 지정방향의 교통류분리표시(버스전용차로표시 및 다인승차량 전용차선표시)
    - 적색은 어린이보호구역 또는 주거지역 안에 설치하는 속도제한표시의 테두리선에 사용

76. **노면표시** : 노면에 기호, 문자 또는 선으로 알리는 표지

77. **중상해의 범위** : 생명유지에 불가결한 뇌 또는 주요장기에 중대한 손상(생명에 대한

위험), 사지절단 등 신체 중요부분의 상실·중대변형 또는 시각·청각·언어·생식기능 등 중요한 신체기능의 영구적 상실(불구), 사고 후유증으로 중증의 정신장애·하반신 마비 등 완치 가능성이 없거나 희박한 중대질병(불치나 난치의 질병)

78. 사람이 건물, 육교 등에서 추락하여 운행 중인 차량과 충돌 또는 접촉하여 사상한 경우에는 교통사고로 처리되지 않는다.

79. 사고를 피하기 위해 급제동하다 중앙선을 침범한 경우, 위험을 회피하기 위해 중앙선을 침범한 경우, 제한속도를 준수하여 운행 중 빙판길 또는 빗길에서 미끄러져 중앙선을 침범한 경우는 부득이한 경우라 하여 중앙선 침범을 적용할 수 없다.

80. 속도위반 벌점 : 40km/h 초과 60km/h 이하 속도위반 시에는 승합자동차의 경우 범칙금 10만 원, 벌점 30점이 부과된다.

81. 철길 건널목은 1~3종까지 있다.

82. 세발자전거는 차가 아니므로 이를 탑승하고 횡단보도를 건너는 어린이는 보행자로 인정된다.

83. 혈중알코올 농도 0.03% 미만에서의 음주운전은 처벌 불가하다.

84. **교통사고** : 차의 교통으로 인하여 사람을 사상하거나 물건을 손괴하는 것

85. **전복** : 차가 주행 중 도로 또는 도로 이외의 장소에 뒤집혀 넘어진 것

86. **추락** : 차가 도로변 절벽 또는 교량 등 높은 곳에서 떨어진 것

87. **충돌** : 차가 반대방향 또는 측방에서 진입하여 그 차의 정면으로 다른 차의 정면 또는 측면을 충격한 것

88. **스키드마크** : 차의 급제동으로 인하여 타이어의 회전이 정지된 상태에서 노면에 미끄러져 생긴 타이어 마모흔적 또는 활주흔적

89. **대형사고** : 3명 이상이 사망하거나 20명 이상의 사상자가 발생한 경우

90. **앞차의 정당한 급정지** : 초행길, 전방상황 오인, 신호 착각

91. 앞차가 후진하거나, 고의나 의도적으로 급정지하는 경우에는 운전자 과실로 인한 안전거리 미확보 사고가 성립되지 않는다.

92. **오르막차로** : 저속차량이 고속차량에게 양보하는 차로
 차로 변경 후 상당 구간 진행 중인 차량을 뒤차가 추돌한 경우는 진로변경(급차로 변경) 사고의 성립요건의 예외사항이다.

93. 사고 차량이 차로를 변경하면서 변경방향 차로 후방에서 진행하는 차량의 진로를 방해한 경우는 진로변경사고로 본다.

94. 아파트 주차장이나 유료주차장은 공로가 아니므로 도로교통법을 적용할 수 없다.
 (주차장도 도로교통법 적용가능토록 법규 변경 2017. 10. 24)

95. 주차된 차량이 경사로 인해 미끄러진 것은 운전이라고 볼 수 없다.

96. 대로상에서 뒤에 있는 일정한 장소나 다른 길로 진입하기 위해 상당한 구간을 계속 후진하다가 정상진행 중인 차량과 충돌한 경우는 통행구분 위반사고로 본다.
 역진으로 보아 중앙선 침범과 동일하게 취급한다.

97. 통행우선권이 있는 차량에게 양보한 경우는 운전자 과실로 보지 않는다.

98. **난폭운전** : 급격한 차로변경, 핸들 급조작, 지그재그 운행, 급진입 운전

99. **앞차의 과실 있는 급정지** : 우측 도로변 승객을 태우기 위해 급정지, 주·정차 장소가 아닌 곳에서 급정지, 자동차전용도로에서 전방사고를 구경하기 위해 급정지

문제 01 여객자동차 운수사업법령과 관련된 용어의 정의로 옳은 것은?
① 관할관청 : 자격시험 시행기관
② 운행계통 : 노선의 기점에서 대기하고 있는 차량대수
③ 노선 : 자동차를 정기적으로 운행하거나 운행하려는 구간
④ 여객자동차 운송사업 : 다른 사람의 공급에 응하여 자동차를 사용하여 무상으로 여객을 운송하는 사업

해설
- **관할관청** : 여객자동차운수사업법 시행규칙 제3조 및 제4조에 따라 관할이 정해지는 국토교통부장관이나,「대도시권 광역교통 관리에 관한 특별법」제8조에 따른 대도시권광역교통위원회, 특별시장·광역시장·특별자치시장·도지사 또는 특별자치도지사를 말한다.
- **운행계통** : 노선의 기종점과 그 기종점 간의 운행경로·거리·횟수 및 대수를 총칭한 것을 말한다.
- **노선** : 자동차를 정기적으로 운행하거나 운행하려는 구간을 말한다.
- **여객자동차 운송사업** : 다른 사람의 공급에 응하여 자동차를 사용하여 유상으로 여객을 운송하는 사업으로 시내버스, 농어촌버스, 마을버스운송사업이 아닌 사업

문제 02 여객자동차 운수사업법령에서 여객이 승차 또는 하차할 수 있도록 노선 사이에 설치한 장소를 무엇이라 정의하는가?
① 정거장
② 주차장
③ 정차장
④ 정류소

문제 03 여객자동차 운수사업법령상 자동차를 정기적으로 운행하거나 운행하려는 구간이란 무엇에 대한 정의인가?
① 여객운송
② 노선
③ 운행계통
④ 관할구간

정답 01 ③ 02 ④ 03 ②

1. 교통, 운수 관련 법규 및 교통사고 유형

문제 04 다른 사람의 수요에 응해 자동차를 사용하여 유상으로 여객을 운송하는 사업을 말하는 것은?

① 화물자동차운송사업
② 여객자동차 운송사업
③ 여객운송부가서비스
④ 여객자동차터미널사업

해설 여객자동차운송사업이란 다른 사람의 공급에 응하여 자동차를 사용하여 유상으로 여객을 운송하는 사업을 말한다.

문제 05 노선에 대한 정의로 맞는 것은?

① 자동차를 정기적으로 운행하거나 운행하려는 구간
② 자동차를 임시적으로 운행하거나 운행하려는 구간
③ 자동차를 정기적으로 주차하려는 시점이나 종점
④ 자동차를 임시적으로 주차하려는 시점이나 종점

해설 자동차를 정기적으로 운행하거나 운행하려는 구간을 노선이라 한다.

문제 06 회사나 학교와 운송계약을 체결하여 그 소속원만의 통근·통학 목적으로 자동차를 운행하는 사업이 포함되는 운송사업은?

① 마을버스
② 시내버스
③ 전세버스
④ 특수여객자동차

해설 **전세버스 운송사업**
운행계통을 정하지 아니하고 전국을 사업구역으로 정하여 1개의 운송계약에 따라 국토교통부령으로 정하는 자동차를 사용하여 여객을 운송하는 사업으로 회사나 학교와 운송계약을 체결하여 그 소속원만의 통근·통학 목적으로 자동차를 운행하는 운송사업을 말한다.

정답 04 ② 05 ① 06 ③

문제 07 다음 중 운행계통을 정하지 아니하고 전국을 사업구역으로 하여 1개의 운송계약에 따라 승차정원 16인승 이상의 승합자동차를 사용하여 여객을 운송하는 사업은?

① 전세버스 운송사업
② 농어촌버스 운송사업
③ 마을버스 운송사업
④ 시외버스 운송사업

해설 **여객자동차 운송사업의 종류**
- **농어촌버스 운송사업** : 주로 군(광역시의 군은 제외)의 단일 행정구역에서 운행계통을 정하고 국토교통부령으로 정하는 자동차를 사용하여 여객을 운송하는 사업
- **마을버스 운송사업** : 주로 시·군구의 단일 행정구역에서 기점·종점의 특수성이나 사용되는 자동차의 특수성 등으로 인하여 다른 노선 여객자동차 운송사업자가 운행하기 어려운 구간을 대상으로 국토교통부령으로 정하는 기준에 따라 운행계통을 정하고 국토교통부령으로 정하는 자동차를 사용하여 여객을 운송하는 사업
- **시외버스 운송사업** : 운행계통을 정하고 국토교통부령으로 정하는 자동차를 사용하여 여객을 운송하는 사업으로 시내버스, 농어촌버스, 마을버스운송사업이 아닌 사업

문제 08 여객자동차 운수사업에 사용되는 승합자동차의 차량이 다른 것은?

① 시외버스 운송사업용
② 특수여객자동차 운송사업용
③ 시내버스 운송사업용
④ 수요응답형 운송사업용

해설 특수여객자동차 운송사업용 자동차로는 일반장의자동차 및 운구전용장의자동차로 구분되는 특수형 승합자동차 또는 승용자동차가 사용된다.

문제 09 시외우등고속버스에 사용되는 자동차는 원동기 출력이 자동차 총 중량 1톤당 몇 마력 이상이어야 하는가?

① 20마력
② 10마력
③ 5마력
④ 1마력

해설 시외우등고속버스는 고속형에 사용되는 것으로서 원동기 출력이 자동차 총 중량 1톤당 20마력 이상이고 승차정원이 29인승 이하인 대형승합자동차를 말한다.

정답 07 ① 08 ② 09 ①

문제 10 시내버스운송사업의 운행형태 중에 시내좌석버스를 사용하고 주로 고속국도, 주간선도로 등을 이용하여 기종점에서 5km 이내에 위치한 각각 4개 이내의 정류소에 정차하고, 그 외의 지점에서는 정차하지 않는 운행형태는?

① 광역급행형 ② 직행좌석형
③ 좌석형 ④ 일반형

해설 광역급행형 운행형태에 대한 설명이다. 추가적으로 광역급행형은 관할관청이 인정하는 경우에 한하여 기점 및 종점으로부터 7.5km 이내에 위치한 각각 6개 이내의 정류소에 정차할 수 있다.

문제 11 시외고속버스 또는 시외우등고속버스를 사용하여 운행거리가 100km 이상이고, 운행구간의 60% 이상을 고속국도로 운행하며, 기점과 종점의 중간에서 정차하지 아니하는 운행형태를 갖는 것은?

① 광역급행형 시외버스 ② 고속형 시외버스
③ 직행형 시외버스 ④ 일반형 시외버스

해설 고속형 시외버스에 대한 설명으로 흔히 고속버스라 한다.

문제 12 여객의 특수성 또는 수요의 불규칙성 등으로 노선 여객 자동차운송사업자가 운행하기 어려운 경우 공항, 고속철도, 대중교통 등 이용자의 교통 불편을 해소하기 위하여 허가하는 면허를 무엇이라 하는가?

① 보통면허 ② 특수면허
③ 대형면허 ④ 한정면허

문제 13 특수여객자동차 운송사업용 자동차의 표시는?

① 일반 ② 장의
③ 전세 ④ 한정

정답 10 ① 11 ② 12 ④ 13 ②

문제 14 운수종사자 현황 통보에 대한 설명으로 틀린 것은?

① 운송사업자는 매월 10일까지 전월 말일 현재의 운수종사자 현황을 시·도지사에게 알려야 한다.
② 해당 조합은 소속 운송사업자를 대신하여 소속운송사업자의 운수종사자 현황을 취합하여 통보할 수 있다.
③ 운송사업자가 시·도지사에게 퇴직한 운수종사자 명단을 알릴 때에는 운전면허의 종류와 취득 일자를 알려야 한다.
④ 시·도지사는 통보받은 운수종사자 현황을 취합하여 한국교통안전공단에 통보하여야 한다.

해설 운송사업자가 시·도지사에게 신규 채용한 운수종사자의 명단을 알릴 때에는 보유하고 있는 운전면허의 종류와 취득 일자를 포함한다.

문제 15 다음 중 운전적성정밀검사의 특별검사를 받아야 할 대상이 아닌 것은?

① 신규로 여객자동차 운송사업용 자동차를 운전하려는 자
② 과거 1년간 도로교통법 시행규칙 상의 운전면허 행정처분기준에 따라 계산한 누산점수가 81점 이상인 자
③ 중상 이상의 사상(死傷) 사고를 일으킨 사람
④ 질병, 과로, 그 밖의 사유로 안전운전을 할 수 없다고 인정되는 자인지 알기 위하여 운송사업자가 신청한 자

해설 신규로 여객자동차 운송사업용 자동차를 운전하려는 자가 받는 검사는 신규검사이다.

문제 16 버스운전 자격시험은 총점의 몇 할 이상을 얻어야 합격하는가?

① 4할
② 5할
③ 6할
④ 7할

해설 4과목 총 100점 중 60점 이상 득점하여야 합격한다.

정답 14 ③   15 ①   16 ③

1. 교통, 운수 관련 법규 및 교통사고 유형

문제 17 버스운전 자격시험의 필기시험 합격기준은?

① 필기시험 총점의 5할 이상
② 필기시험 총점의 6할 이상
③ 필기시험 총점의 7할 이상
④ 필기시험 총점의 8할 이상

해설 4과목 총 100점 중 60점 이상, 즉 총점의 6할 이상 득점하여야 합격한다.

문제 18 버스운전자격 효력정지의 처분기준을 적용할 때 위반행위의 동기 및 횟수 등을 고려하여 처분기준의 2분의 1 범위에서 경감하거나 가중할 수 있는 기관은?

① 한국교통안전공단
② 관할관청
③ 전국버스연합회
④ 전국버스공제조합

해설 관할관청은 처분기준을 적용할 때 위반행위의 동기 및 횟수 등을 고려하여 처분기준의 2분의 1 범위에서 경감하거나 가중할 수 있다.

문제 19 다음 중 여객자동차 운수종사자에게 과태료를 부과할 수 있는 사항은?

① 승하차 할 여객이 있는데도 정차하지 아니하고 정류소를 지나치는 행위
② 여객이 승차하기 전에 자동차를 출발시키지 아니하는 행위
③ 문을 완전히 닫은 상태에서 자동차를 운행하는 행위
④ 부당한 운임 또는 요금을 받지 않는 행위

해설 **여객자동차 운수종사자 과태료 부과기준**
정당한 사유 없이 여객의 승차를 거부하거나 여객을 중도에 내리게 하는 경우
부당한 운임 또는 요금을 받는 경우
일정한 장소에 오랜 시간 정차하여 여객을 유치하는 경우
문을 완전히 닫지 아니한 상태에서 자동차를 출발시키거나 운행하는 경우

정답 17 ② 18 ② 19 ①

문제 20 운전업무와 관련하여 버스운전자격증을 타인에게 대여한 경우 운전자격 처분기준은?

① 자격정지 30일 ② 자격정지 90일
③ 자격정지 180일 ④ 자격취소

해설 버스운전자격증을 타인에게 대여한 경우 버스운전자격이 취소된다.

문제 21 여객자동차 운송사업자는 새로 채용한 운수종사자에게 운전업무 시작 전 몇 시간 이상의 교육을 실시해야 하는가?

① 8시간 ② 12시간 ③ 16시간 ④ 24시간

해설 신규교육은 최초 1회만 받으며 16시간을 이수해야 한다.

문제 22 여객자동차 운수사업법령에 따라 자가용자동차를 운송용으로 제공하거나 임대할 수 있도록 허가하는 자가 아닌 것은?

① 특별자치도지사 ② 시장 ③ 자치구청 ④ 동장

해설 대중교통수단이 없는 지역 등 대통령령으로 정하는 사유에 해당하는 경우로서 특별자치도지사 · 시장 · 군수 · 구청장의 허가를 받은 경우 자가용자동차를 유상운송용으로 제공하거나 임대할 수 있다.

문제 23 자가용자동차를 사용하여 여객자동차 운송사업을 경영한 경우 그 자동차의 사용을 제한하거나 금지할 수 있는 기간은?

① 3개월 이내 ② 6개월 이내
③ 12개월 이내 ④ 18개월 이내

해설 시 · 도지사는 자가용자동차를 사용하는 자가 자가용자동차를 사용하여 여객자동차 운송사업을 경영한 경우이거나 허가를 받지 아니하고 자가용자동차를 유상으로 운송에 사용하거나 임대한 경우에 6개월 이내의 기간을 정하여 그 자동차의 사용을 제한하거나 금지할 수 있다.

정답 20 ④ 21 ③ 22 ④ 23 ②

문제 24 제작연도에 등록되지 아니한 여객자동차의 차량충당연한의 기산일은?

① 최초의 신규등록일
② 제작연도의 말일
③ 차량 출고일
④ 보험 개시일

> **해설** 제작연도에 등록되었으면 최초의 신규등록일, 제작연도에 등록되지 아니하였으면 제작연도의 말일을 기산일로 한다.

문제 25 다음 중 여객자동차 운송사업의 위반 내용 및 과징금 부과기준에 포함되는 내용이 아닌 것은?

① 운행하기 전에 점검 및 확인을 한 경우
② 앞바퀴에 재생타이어를 사용한 경우
③ 자동차 안에 게시하여야 할 사항을 게시하지 않은 경우
④ 운행기록계가 정상작동하지 않는 상태에서 자동차를 운행한 경우

> **해설** 운행 전 점검 및 확인을 한 경우는 과징금 부과대상이 아니다.

문제 26 면허를 받거나 등록한 차고지를 이용하지 아니하고 차고지가 아닌 곳에서 밤샘주차를 한 경우 1차 과징금 부과기준이 잘못된 것은?

① 시내버스 – 10만 원
② 시외버스 – 10만 원
③ 전세버스 – 10만 원
④ 마을버스 – 10만 원

> **해설** 차고지가 아닌 곳에서 밤샘주차를 한 경우 시내·농어촌·마을·시외버스에는 1차 10만 원, 2차 15만원, 전세·특수여객에는 1차 20만원, 2차 30만원의 과징금이 부과된다.

정답 24 ② 25 ① 26 ③

문제 27 속도제한장치 또는 운행기록계가 정상적으로 작동되지 아니하는 상태에서 자동차를 운행한 경우에 여객자동차 운송사업자에게 부과되는 1차 과징금 금액은?

① 30만 원　　② 60만 원　　③ 120만 원　　④ 180만 원

해설 속도제한장치 또는 운행기록계가 장착된 운송사업용 자동차를 해당 장치 또는 기기가 정상적으로 작동되지 않은 상태에서 운행한 경우 1차 60만원, 2차 120만원, 3차 이상 180만원의 과징금이 부과된다.

문제 28 전자감응장치, 압력감지기 또는 가속페달 잠금장치를 설치하고 운영하여야 하는 운송사업자가 아닌 것은?

① 시내버스　　② 마을버스　　③ 농어촌버스　　④ 전세버스

해설 하차문이 있는 노선버스(시외직행, 시외고속 및 시외우등고속은 제외한다.)에는 압력감지기 또는 전자감응장치, 가속페달 잠금장치를 설치하고 정상 작동되는 상태에서 운행하여야 한다. 시내, 마을, 농어촌버스는 노선버스에 해당한다. 전세버스는 노선버스가 아니다.

문제 29 운송사업자가 운수종사자에게 여객의 좌석안전띠 착용에 관한 교육을 실시하지 않은 경우 1회 위반 시 과태료 부과 기준은?

① 3만 원　　② 5만 원　　③ 10만 원　　④ 20만 원

해설 1회 위반 시는 20만 원, 2회 위반 시는 30만 원, 3회 위반 시는 50만 원의 과태료가 부과된다.

문제 30 다음 중 자동차전용도로에 대한 설명으로 올바른 것은?

① 자동차의 고속운행에만 사용하기 위하여 지정된 도로
② 자동차만 다닐 수 있도록 설치된 도로
③ 자동차와 자전거가 같이 다닐 수 있도록 설치된 도로
④ 자동차와 보행자, 자전거가 같이 다닐 수 있도록 설치된 도로

해설 자동차전용도로는 자동차만 다닐 수 있도록 설치된 도로를 말한다.

정답　27 ②　28 ④　29 ④　30 ②

문제 31 연석선, 안전표지나 그와 비슷한 인공구조물로 경계를 표시하여 보행자가 통행할 수 있도록 한 도로의 부분을 뜻하는 것은?

① 중앙선　　　　② 차도　　　　③ 차로　　　　④ 보도

> **해설**
> - **중앙선** : 차마의 통행 방향을 명확하게 구분하기 위하여 도로에 황색 실선이나 황색 점선 등의 안전표지로 표시한 선 또는 중앙분리대나 울타리 등으로 설치한 시설물을 말한다.
> - **차도** : 연석선, 안전표지나 그와 비슷한 인공구조물을 이용하여 경계를 표시하여 모든 차가 통행할 수 있도록 설치된 도로의 부분을 말한다.
> - **차로** : 차마가 한 줄로 도로의 정하여진 부분을 통행하도록 차선(車線)으로 구분한 차도의 부분을 말한다.

문제 32 도로교통법상 몇 분을 초과하지 아니하고 차를 주차 외에 정지시키는 것을 정차라고 하는가?

① 5분　　　　② 10분　　　　③ 15분　　　　④ 30분

> **해설** 운전자가 5분을 초과하지 아니하고 차를 정지시키는 것으로서 주차 외의 정지상태를 정차라 한다.

문제 33 다음 중 도로교통법상 정의가 잘못된 것은?

① '자동차관리법'에 따른 이륜자동차 가운데 배기량이 125cc인 이륜자동차는 자동차로 정의된다.
② 2톤의 지게차는 자동차로 정의된다.
③ 트럭적재식 천공기는 자동차이다.
④ 원동기장치자전거를 제외한 이륜자동차는 자동차에 포함된다.

> **해설** '자동차관리법'에 따른 이륜자동차 가운데 배기량이 125cc인 이륜자동차는 원동기장치자전거로 정의된다.

정답　31 ④　32 ①　33 ①

문제 34 다음 중 서행의 의미로 맞는 것은?

① 운전자가 차를 즉시 정지시킬 수 있는 정도의 느린 속도로 진행하는 것
② 반드시 차가 멈추어야 하되, 얼마간의 시간 동안 정지상태를 유지하는 교통 상황
③ 반드시 차가 일시적으로 그 바퀴를 완전히 멈추어야 하는 행위 자체
④ 자동차가 완전히 멈추는 상태

> 해설 운전자가 차를 즉시 정지시킬 수 있는 정도의 느린 속도로 진행하는 것을 서행이라 한다.

문제 35 도로에서 차마를 그 본래의 사용방법에 따라 사용하는 것(조종을 포함)을 의미하는 것은?

① 항행 ② 운행 ③ 운항 ④ 운전

> 해설 도로(술에 취한 상태에서의 운전금지, 과로한 때 등의 운전금지, 사고 발생 시의 조치 등은 도로 외의 곳을 포함)에서 차마를 그 본래의 사용방법에 따라 사용하는 것(조종을 포함)을 운전이라 한다.

문제 36 도로의 통행방법, 통행구분 등 도로교통의 안전을 위하여 필요한 지시를 하는 경우에 도로사용자가 이에 따르도록 알리는 표지는?

① 주의표지 ② 규제표지 ③ 보조표지 ④ 지시표지

> 해설 지시를 하는 경우에 사용되는 표지는 지시표지이다.

문제 37 도로교통의 안전을 위하여 각종 제한 금지사항을 도로사용자에게 알리기 위한 안전표지는?

① 지시표지 ② 주의표지 ③ 규제표지 ④ 노면표지

> 해설 각종 제한, 금지 등의 규제를 도로사용자에게 알리는 표지는 규제표지이다.

정답 34 ① 35 ④ 36 ④ 37 ③

문제 38 도로상태가 위험하여 운전자가 사전에 필요한 조치를 할 수 있도록 알리는 기능을 하는 안전표지는?

① 주의표지　　　　　　② 규제표지
③ 보조표지　　　　　　④ 노면표시

문제 39 차량 신호등 중 녹색의 등화에 대한 의미로 옳지 않은 것은?

① 차마는 정지선 직전에서 정지하여야 한다.
② 차마는 직진할 수 있다.
③ 차마는 우회전할 수 있다.
④ 비보호좌회전표시가 있는 곳에서는 좌회전 할 수 있다.

> **해설** 정지선 직전에 정지하여야 하는 등화는 적색의 등화이다.

문제 40 보행자의 통행방법에 대한 설명으로 바르지 않은 것은?

① 소나 말 등의 큰 동물을 몰고 가는 사람은 보도로만 통행해야 한다.
② 보도와 차도가 구분된 도로에서는 보도로 통행한다.
③ 공사 등으로 보도 통행이 금지된 경우에는 보도로 통행하지 아니할 수 있다.
④ 보도와 차도가 구분되지 아니한 도로에서는 차마와 마주보는 방향의 길 가장자리로 통행한다.

> **해설** 큰 동물을 몰고 가는 사람은 차도의 우측을 이용하여 통행할 수 있다.

정답　38 ①　39 ①　40 ①

문제 41 보행자의 도로 횡단방법으로 잘못된 것은?

① 보행자는 횡단보도를 횡단하거나 신호기 또는 경찰공무원 등의 신호나 지시에 따라 도로를 횡단하는 경우에는 차의 앞이나 뒤로 횡단이 가능하다.
② 보행자는 안전표지 등에 의하여 횡단이 금지되어 있어도 차량에 주의하면서 도로를 횡단할 수 있다.
③ 보행자는 횡단보도가 설치되어 있지 아니한 도로에서는 가장 짧은 거리로 횡단하여야 한다.
④ 지체장애인의 경우 다른 교통에 방해가 되지 아니하는 방법으로 도로 횡단시설을 이용하지 아니하고 도로를 횡단할 수 있다.

해설 보행자는 안전표지 등에 의하여 횡단이 금지되어 있는 도로의 부분에서는 그 도로를 횡단하여서는 아니 된다.

문제 42 도로교통법에서 정하는 보행자의 도로횡단 방법 중 횡단보도가 설치되어 있지 아니한 도로에서 횡단하는 방법으로 올바른 것은?

① 도로의 중앙으로 횡단한다.
② 무조건 횡단보도가 있는 곳으로 이동하여 횡단한다.
③ 도로의 가장 짧은 거리로 횡단한다.
④ 도로의 가장 긴 거리로 횡단한다.

해설 보행자는 횡단보도가 설치되어 있지 아니한 도로에서는 가장 짧은 거리로 횡단하여야 한다.

정답 41 ② 42 ③

문제 43 보행자의 도로횡단에 대한 설명 중 옳지 않은 것은?

① 보행자는 안전표지 등에 의하여 횡단이 금지되어 있는 도로의 부분에서는 그 도로를 횡단하여서는 아니 된다.
② 지하도나 육교 등의 도로 횡단시설을 이용할 수 없는 지체장애인의 경우에도 반드시 도로 횡단시설을 이용하여 횡단하여야 한다.
③ 보행자는 모든 차의 바로 앞이나 뒤로 횡단하여서는 아니 된다.
④ 경찰공무원의 지시에 따라 도로를 횡단할 수 있다.

해설 지체장애인의 경우에는 다른 교통에 방해가 되지 아니하는 방법으로 도로 횡단시설을 이용하지 아니하고 도로를 횡단할 수 있다.

문제 44 다음 중 보행자의 도로횡단 방법으로 올바르지 않은 것은?

① 보행자는 횡단보도, 지하도 그 밖의 도로 횡단시설이 설치되어 있는 도로에서는 그 곳으로 횡단하여야 한다.
② 보행자는 횡단보도가 설치되어 있지 아니한 도로에서는 가장 짧은 거리로 횡단하여야 한다.
③ 보행자는 모든 차의 바로 앞이나 뒤로 횡단하여서는 아니 된다.
④ 보행자는 안전표지 등에 의하여 횡단이 금지되어 있는 도로의 부분에서는 자신의 판단에 따라 횡단하여도 된다.

해설 보행자는 안전표지 등에 의하여 횡단이 금지되어 있는 도로의 부분에서는 그 도로를 횡단하여서는 아니 된다.

정답 43 ② 44 ④

문제 45
도로교통법상 편도 4차로의 고속도로에서 차로에 따른 통행차의 기준 내용으로 틀린 것은?

① 1차로 : 앞지르기를 하려는 승용자동차 및 앞지르기를 하려는 경형·소형·중형 승합자동차의 추월차로
② 2차로 : 승용자동차 및 경형·소형·중형 승합자동차의 주행차로
③ 3차로 : 앞지르기를 하려는 승용자동차 및 앞지르기를 하려는 경형·소형·중형 승합자동차의 추월차로
④ 4차로 : 대형 승합자동차, 화물자동차, 특수자동차, 도로교통법 제2조제18호나목에 따른 건설기계

해설
- 1차로 : 앞지르기를 하려는 승용자동차 및 앞지르기를 하려는 경형·소형·중형 승합자동차. 다만, 차량통행량 증가 등 도로상황으로 인하여 부득이하게 시속 80킬로미터 미만으로 통행할 수밖에 없는 경우에는 앞지르기를 하는 경우가 아니라도 통행할 수 있다.
- 왼쪽차로 : 승용자동차 및 경형·소형·중형 승합자동차
- 오른쪽차로 : 대형 승합자동차, 화물자동차, 특수자동차, 도로교통법 제2조제18호나목에 따른 건설기계

문제 46
강설 시 최고속도의 100분의 50을 줄인 속도로 운행하여야 하는 기준 적설량은?

① 눈이 5mm 이상 쌓인 경우
② 눈이 10mm 이상 쌓인 경우
③ 눈이 20mm 이상 쌓인 경우
④ 눈이 30mm 이상 쌓인 경우

해설 최고속도의 100분의 50을 줄인 속도로 운행하는 경우
- 가시거리가 100m 이내인 경우
- 노면이 얼어붙은 경우
- 눈이 20mm 이상 쌓인 경우

문제 47
모든 차의 운전자는 같은 방향으로 가고 있는 앞차의 뒤를 따르는 경우에는 앞차가 갑자기 정지하게 되는 경우 그 앞차와의 추돌을 피할 수 있는 필요한 거리를 확보하여야 하는데, 이 거리를 무엇이라 하는가?

① 안전거리   ② 제동거리   ③ 공주거리   ④ 시인거리

해설 앞차의 급정지에 대비하고 추돌사고의 예방을 위해 확보하는 거리는 안전거리이다.
- 제동거리 : 제동되기 시작하여 정지될 때까지 주행한 거리
- 공주거리 : 운전자가 위험을 느끼고 브레이크 페달을 밟았을 때 자동차가 제동되기 전까지 주행한 거리
- 시인거리 : 육안으로 물체를 알아볼 수 있는 거리

정답   45 ③   46 ③   47 ①

문제 48 운전자가 고속도로에서 앞지르기하고자 하는 경우 바람직한 앞지르기 방법은?

① 고속도로에서는 등화 또는 경음기의 사용을 자제해야 하며, 통행차의 기준에 따라 안전하게 통행한다.
② 방향지시기·등화 또는 경음기를 사용하여 우측차로로 안전하게 통행한다.
③ 방향지시기·등화 또는 경음기를 사용하여 차로에 따른 통행차의 기준에 따라 왼쪽 차로로 안전하게 통행한다.
④ 주행차로에 관계없이 빈 차로로 안전하게 통행한다.

해설 **앞지르기 방법**
- 모든 차의 운전자는 앞지르려는 차의 좌측으로 통행하여야 한다.
- 앞지르기하는 모든 차의 운전자는 반대방향의 교통상황과 앞차 앞쪽의 교통상황에도 주의를 충분히 기울여야 한다.
- 앞차의 속도, 진로와 그 밖의 도로 상황에 따라 방향지시기·등화 또는 경음기를 사용하는 등 안전한 속도와 방법으로 앞지르기하여야 한다.

문제 49 다음 중 모든 차의 운전자가 다른 차를 앞지르지 못하며, 앞으로 끼어들지 못하는 경우가 아닌 것은?

① 도로교통법이나 여객자동차운수사업법에 따른 명령에 따라 정지하거나 서행하고 있는 차
② 경찰공무원의 지시에 따라 정지하거나 서행하고 있는 차
③ 이륜자동차 및 원동기장치자전거
④ 위험을 방지하기 위하여 정지하거나 서행하고 있는 차

해설 이륜차나 원동기장치자전거는 앞지르기 금지조건이 아니다.

정답 48 ③ 49 ③

문제 50 모든 차의 운전자는 교차로나 그 부근에서 긴급자동차가 접근한 경우에 어떤 운행방법을 취하여야 하는가?

① 도로의 우측 가장자리에 일시정지한다.
② 도로의 좌측 가장자리에 정지한다.
③ 긴급자동차가 피해 갈 수 있도록 도로중앙을 이용해 서행한다.
④ 그 자리에서 정지한다.

해설 교차로에서 긴급자동차가 접근하면 교차로를 피하여 일시정지하여야 한다.

문제 51 도로교통법상 긴급자동차에 대한 특례에 해당하지 않는 것은?

① 도로구조물의 파손
② 자동차의 속도제한(긴급자동차에 대하여 속도를 제한하는 경우는 제외)
③ 앞지르기 금지의 시기 및 장소
④ 끼어들기의 금지

해설 도로구조물 파손은 긴급자동차의 특례에 해당하지 않는다.

문제 52 도로교통법에서 규정하는 정차 및 주차가 금지되는 곳의 기준은 횡단보도로부터 몇 m 이내인가?

① 5m 이내
② 10m 이내
③ 15m 이내
④ 20m 이내

해설 건널목의 가장자리 또는 횡단보도로부터 10m 이내인 곳은 정차 및 주차가 금지된다.

● 정답 50 ① 51 ① 52 ②

1. 교통, 운수 관련 법규 및 교통사고 유형

문제 53 다음 중 정차 및 주차가 모두 금지되는 장소가 아닌 곳은?

① 터널 안 및 다리 위
② 교차로의 가장자리 또는 도로의 모퉁이로부터 5m 이내인 곳
③ 건널목의 가장자리 또는 횡단보도로부터 10m 이내인 곳
④ 안전지대가 설치된 도로에서는 그 안전지대의 사방으로부터 각각 10m 이내인 곳

해설 터널 안 및 다리 위는 주차만 금지되는 곳이다.

문제 54 자동차의 운전자가 그 영향으로 인하여 운전이 금지되는 약물로서 흥분·환각 또는 마취의 작용을 일으키는 유해화학물질은 어떤 법령으로 정하는가?

① 보건복지부령
② 행정자치부령
③ 국토교통부령
④ 대통령령

해설 자동차의 운전자가 그 영향으로 인하여 운전이 금지되는 약물은 흥분·환각 또는 마취의 작용을 일으키는 유해화학물질이며 행정자치부령은 이를 운전이 금지되는 약물로 규정하고 있다.

문제 55 모든 운전자의 준수사항 중 일시정지하지 않아도 되는 경우는?

① 어린이가 도로상에서 활동하여 교통사고위험이 있음을 인지하였을 때
② 어린이가 보호자와 함께 도로의 갓길을 따라 이동하고 있을 때
③ 시각장애인이 도로를 횡단하고 있을 때
④ 지체장애인이나 노인 등 교통약자가 도로를 횡단하고 있을 때

해설 어린이가 보호자 없이 도로를 횡단하는 경우는 일시정지하여야 하지만 보호자와 함께 갓길을 따라 이동하는 경우는 일시정지하지 않아도 된다.

정답 53 ① 54 ② 55 ②

문제 56 다음 중 모든 운전자의 준수사항이 아닌 것은?

① 어린이가 보호자 없이 도로를 횡단하는 때에는 일시 정지할 것
② 자동차를 급히 출발시키거나 속도를 급격히 높이지 아니할 것
③ 자동차가 정지하고 있을 때에도 휴대용 전화는 사용하지 아니할 것
④ 반복적이거나 연속적으로 경음기를 울리지 아니할 것

해설 운전자가 휴대용 전화를 사용할 수 있는 경우
- 자동차가 정지하고 있는 경우
- 긴급자동차를 운전하는 경우
- 각종 범죄 및 재해 신고 등 긴급한 필요가 있는 경우
- 손으로 잡지 않고 휴대용 전화를 사용할 수 있도록 해주는 장치를 이용하는 경우

문제 57 모든 운전자의 준수사항 등에 관한 내용이 아닌 것은?

① 운전자는 안전을 확인하지 아니하고 차의 문을 열거나 내려서는 아니 되며, 동승자가 교통의 위험을 일으키지 아니하도록 필요한 조치를 할 것
② 운전자는 승객이 차 안에서 안전운전에 현저히 방해가 될 정도로 춤을 추는 등 소란행위를 하도록 내버려두고 차를 운행하지 아니할 것
③ 운전자는 자동차가 정지하고 있는 경우 휴대용 전화를 사용하지 아니할 것
④ 운전자는 자동차를 급히 출발시키거나 속도를 급격히 높이는 행위를 하여 다른 사람에게 피해를 주는 소음을 발생시키지 아니할 것

해설 차량이 정지하고 있는 경우에는 휴대용 전화를 사용할 수 있다.

문제 58 어린이통학버스로 신고할 수 있는 자동차의 정원으로 맞는 것은?

① 승차정원 5인승 이상
② 승차정원 7인승 이상
③ 승차정원 9인승 이상
④ 승차정원 11인승 이상

해설 어린이통학버스로 사용할 수 있는 자동차는 승차정원 9인승 이상의 자동차에 한한다.

정답 56 ③ 57 ③ 58 ③

문제 59   어린이 통학버스의 색상으로 맞는 것은?

① 황색　　　　② 흰색　　　　③ 적색　　　　④ 청색

해설   대통령령에 어린이통학버스는 황색으로 규정되어 있다.

문제 60   자동차의 운전자가 고속도로 또는 자동차전용도로에서 차를 정지하거나 주차할 수 없는 경우는?

① 경찰공무원의 지시에 따르거나 위험을 방지하기 위하여 일시 정차 또는 주차시키는 경우
② 고장이나 그 밖의 부득이한 사유로 길가장자리구역(갓길을 포함)에 정차 또는 주차시키는 경우
③ 버스가 승객의 요청으로 정차 또는 주차한 경우
④ 통행료를 내기 위하여 통행료를 받는 곳에서 정차하는 경우

해설   승객의 요청으로 정차 또는 주차해서는 안 된다.

문제 61   고속도로 및 자동차전용도로에서의 금지행위에 해당하지 않는 것은?

① 갓길 통행금지　　　　② 긴급이륜자동차의 통행금지
③ 횡단 등의 금지　　　　④ 정차 및 주차의 금지

해설   고속도로 및 자동차전용도로에서의 금지행위에 긴급이륜자동차와 관련된 통행금지조항은 나와 있지 않다.

문제 62   고속도로 및 자동차 전용도로에서의 횡단 등의 금지에 해당하지 않는 것은?

① 횡단　　　　② 앞지르기　　　　③ 유턴　　　　④ 후진

해설   자동차의 운전자는 고속도로 및 자동차 전용도로에서 횡단, 유턴, 후진하여서는 아니 된다.

정답   59 ①   60 ③   61 ②   62 ②

문제 63 고속도로 및 자동차전용도로에서 금지사항으로 옳지 않은 것은?

① 횡단 등의 금지
② 경음기 등의 사용금지
③ 정차 등의 금지
④ 주차 등의 금지

해설 고속도로 및 자동차전용도로에서는 갓길통행, 횡단 등, 정차 및 주차가 금지되어 있다.

문제 64 밤에 고장이나 그 밖의 사유로 고속도로 등에서 자동차를 운행할 수 없게 되었을 때 고장자동차의 표지를 설치해야 하는 지점은?

① 자동차로부터 200m 이상 뒤쪽
② 자동차로부터 150m 뒤쪽
③ 자동차로부터 100m 뒤쪽
④ 자동차로부터 50m 이하 뒤쪽

해설 고장자동차의 표지는 낮의 경우 그 자동차로부터 100m 이상의 뒤쪽 도로상에, 밤의 경우는 200m 이상의 뒤쪽 도로상에 각각 설치해야 한다. 2017.6.2 도로교통법이 개정되어 거리규정이 삭제되고 후방에서 접근하는 자동차의 운전자가 확인할 수 있는 위치에 설치하도록 바뀌었다.

문제 65 다음 중 특별한 교통안전교육의 종류가 아닌 것은?

① 교통특별교육
② 현장참여교육
③ 법규준수교육
④ 음주운전교육

해설
- **현장참여교육** : 교통 단속현장 등에 실제로 참여하는 교육으로 소양교육을 받은 사람 중 희망하는 사람에게 실시한다.
- **법규준수교육(권장)** : 운전면허효력 정지처분을 받게 되거나 받은 사람, 법규준수교육(권장)을 받은 사람 중 교육받기를 원하는 사람에게 실시한다.
- **음주운전교육** : 음주운전이 원인이 되어 운전면허효력 정지 또는 운전면허 취소처분을 받은 사람에게 실시한다.

문제 66 교통안전을 위한 활동에 실제로 참여하여 채점하도록 하는 등의 교육으로서 법규준수교육을 받은 사람 가운데 교육받기를 원하는 사람에게 실시하는 교육은?

① 교통통제교육
② 교통법규교육
③ 교통교양교육
④ 현장참여교육

해설 현장참여교육에 대해 묻는 문제이다.

정답 63 ② 64 답 없음 65 ① 66 ④

문제 67 다음 중 법규준수교육을 받지 않아도 되는 사람은?

① 교통사고를 일으키거나 술에 취한 상태에서 운전하여 운전면허효력정지처분을 받게 되거나 받은 사람으로서 그 처분기간이 끝나지 아니한 사람
② 운전면허효력정지처분을 받게 되거나 받은 초보운전자로서 그 처분기간이 끝나지 아니한 사람
③ 운전면허 취소처분을 받은 사람으로서 운전면허를 다시 받고자 하는 사람
④ 운전면허효력정지처분을 받은 초보운전자로서 그 처분기간이 만료된 사람

해설 운전면허효력정지처분 기간이 만료된 사람은 법규준수교육 대상자가 아니다.

문제 68 면허정지처분을 받은 사람이 법규준수교육을 마친 후에 현장참여교육을 마치면 경찰서장에게 교육필증을 제출한 날부터 정지처분기간에서 얼마를 추가로 감경받는가?

① 7일   ② 15일   ③ 30일   ④ 60일

해설 법규준수교육 + 현장참여교육 = 30일 추가 감경

문제 69 다음 설명 중 현장참여교육에 해당하는 것은?

① 법규준수교육을 받은 사람이 교통안전을 위한 활동에 실제로 참여하여 체험하도록 하는 교육
② 벌점감경교육을 받은 사람이 교통안전을 위한 활동에 실제로 참여하여 체험하도록 하는 교육
③ 배려운전교육을 받은 사람이 교통안전을 위한 활동에 실제로 참여하여 체험하도록 하는 교육
④ 교통위반으로 단속된 사람이 교통안전을 위한 활동에 실제로 참여하여 체험하도록 하는 교육

해설 현장참여교육은 법규준수교육을 받은 사람에 한해서 실시된다.

정답 67 ④ 68 ③ 69 ①

문제 70 음주운전으로 사람을 사상한 후, 사상자를 구호하거나 신고하지 않아 운전면허가 취소된 경우 취소된 날부터 몇 년이 지나야 운전면허를 받을 수 있는가?

① 3년
② 4년
③ 5년
④ 6년

해설 음주운전 사상 후 미구호 미조치한 경우는 면허 취소일로부터 5년이 경과하여야 면허를 받을 수 있다.

문제 71 다음 중 특별한 교통안전교육을 받아야 하는 경우가 아닌 것은?

① 신호 위반으로 시·군 공무원에게 단속된 경우
② 운전 중 고의 또는 과실로 교통사고를 일으켜 운전면허가 취소된 경우
③ 적성검사를 받지 아니하거나 그 적성검사에 불합격한 경우
④ 교통단속 임무를 수행하는 경찰 공무원을 폭행한 경우

해설 신호위반 단속으로 특별교통안전교육을 받지는 않는다.

문제 72 도로교통법령상 제1종 대형 또는 특수면허를 받을 수 있는 자격기준은?

① 제2종 면허 취득 후 운전경험이 1년 이상이고 19세 이상인 사람
② 제2종 면허 취득 후 운전경험이 3년 이상이고 19세 이상인 사람
③ 제2종 면허 취득 후 운전경험이 1년 이상이고 20세 이상인 사람
④ 제2종 면허 취득 후 운전경험이 3년 이상이고 20세 이상인 사람

해설 제1종 대형면허 또는 제1종 특수면허를 받으려면 19세 이상, 운전경험 1년 이상이어야 한다.

정답 70 ③ 71 ① 72 ①

문제 73 승차정원 16인 이상의 승합자동차를 운전할 수 있는 운전면허의 종류는?

① 제1종 대형면허　　　　② 제1종 보통면허
③ 제1종 특수면허　　　　④ 제2종 보통면허

해설 제1종 면허 중 보통면허는 승차정원 15인 이하의 승합자동차를 운전할 수 있으므로 16인 이상의 승합자동차를 운전하려면 제1종 대형면허가 필요하다.

문제 74 운전 중 휴대용 전화 사용 시 주어지는 벌점은?

① 15점　　② 20점　　③ 30점　　④ 60점

해설 운전 중 휴대용 전화 사용 시에는 도로교통법 제29조 제1항 제10호에 의거 15점의 벌점이 부과된다.

문제 75 행정처분 기초자료로 활용하기 위하여 법규위반 또는 사고야기에 대하여 그 위반의 경중, 피해의 정도 등에 따라 배점되는 점수를 말하는 것은?

① 누산점수　　② 벌점　　③ 처분벌점　　④ 기초점수

해설 벌점의 정의를 묻는 문제이다.
- **누산점수** : 위반·사고 시의 벌점을 누적하여 합산한 점수에서 상계치(무위반·무사고 기간 경과 시에 부여되는 점수 등)를 뺀 점수를 말한다.
- **처분벌점** : 구체적인 법규위반·사고야기에 대하여 앞으로 정지처분기준을 적용하는 데 필요한 벌점을 말한다.

문제 76 운전면허의 취소처분 시 감경 사유에 해당하는 사람은 처분벌점 또는 누산점수를 몇 점으로 감경하여 주는가?

① 120점　　② 110　　③ 90점　　④ 60점

해설 운전면허 취소 시 감경 사유에 해당하는 경우에는 처분벌점을 110점으로 한다.

정답　73 ①　74 ①　75 ②　76 ②

문제 77 도로교통법상 교통사고에 의한 사망으로 사망자 1명당 벌점 90점이 부과되는 것은 교통사고 발생 후 몇 시간 내 사망한 것을 말하는가?

① 72시간
② 60시간
③ 48시간
④ 24시간

해설 사고발생 시부터 72시간 이내에 사망한 인적 피해 교통사고의 경우에는 사망 1명마다 90점의 벌점이 부과된다.

문제 78 운전면허가 취소되는 경우는?

① 교통사고를 일으켜서 중상을 입힌 경우
② 혈중알코올 농도가 0.01%인 상태에서 운전하여 사람을 다치게 한 경우
③ 혈중알코올 농도가 0.06%인 상태로 운전한 경우
④ 교통사고를 일으키고 구호조치를 하지 아니한 경우

해설 교통사고로 사람을 죽게 하거나 다치게 하고, 구호조치를 하지 아니한 때에는 운전면허가 취소된다.

문제 79 처벌벌점 또는 1년간 누산점수 초과로 운전면허의 취소처분 시 감경 사유에 해당하는 사람은 처분벌점 또는 누산점수를 몇 점으로 감경하여 주는가?

① 120점
② 110점
③ 109점
④ 100점

해설 취소처분의 감경사유에 해당하는 경우에는 해당 위반행위에 대한 처분벌점을 110점으로 한다.

문제 80 다음 중 좌석안전띠 미착용 시 주어지는 범칙금의 액수는?

① 3만 원
② 4만 원
③ 5만 원
④ 6만 원

해설 안전띠 미착용은 승용차, 승합차 모두 3만 원이다.

정답 77 ① 78 ④ 79 ② 80 ①

1. 교통, 운수 관련 법규 및 교통사고 유형

문제 81 다음 중 승합자동차의 경우 좌석안전띠 미착용 시 주어지는 범칙금액은?

① 1만 원 ② 3만 원
③ 5만 원 ④ 7만 원

해설 안전띠 미착용은 승용차, 승합차 모두 3만 원이다.

문제 82 승합자동차 등의 속도위반과 관련한 범칙금액이 틀린 것은?

① 제한속도를 20km/h 이하로 넘긴 속도위반 : 5만 원
② 제한속도를 20km/h 초과 40km/h 이하로 넘긴 속도위반 : 7만 원
③ 제한속도를 40km/h 초과 60km/h 이하로 넘긴 속도위반 : 10만 원
④ 제한속도를 60km/h 초과한 속도위반 : 13만 원

해설 승합자동차의 경우 제한속도를 20km/h 이하로 넘긴 속도위반은 3만 원의 범칙금이 부과된다.

문제 83 승합자동차 운전자의 범칙행위와 범칙금액이 잘못 연결된 것은?

① 교차로에서의 양보운전 위반 - 5만 원
② 신호 · 지시 위반 - 5만 원
③ 운전 중 휴대용 전화 사용 - 7만 원
④ 고속도로 · 자동차전용도로 안전거리 미확보 - 5만 원

해설 신호 · 지시 위반 시에는 7만 원의 범칙금이 부과된다.

문제 84 도로교통법령상 승합자동차가 고속도로에서 안전거리를 미확보했을 시 범칙금액은?

① 20만 원 ② 10만 원
③ 5만 원   ④ 3만 원

해설 고속도로 및 자동차전용도로에서 안전거리 미확보 시 범칙금 5만 원이 부과된다.

정답 81 ② 82 ① 83 ② 84 ③

문제 85 다음 중 승합자동차의 철길건널목 통과방법 위반에 따른 행정처분은?

① 범칙금 6만 원, 벌점 15점
② 범칙금 7만 원, 벌점 30점
③ 범칙금 9만 원, 벌점 10점
④ 범칙금 10만 원, 벌점 30점

해설 철길건널목 통과방법 위반 시에는 범칙금 7만 원과 벌점 30점이 부과된다.

문제 86 다음 중 주의표지는?

① ②

③  ④ 구간시작 ← 200m

해설 ① 노면표시, ② 규제표지, ③ 주의표지, ④ 보조표지

문제 87 다음 중 노면표시의 기본 색상에 대한 설명으로 틀린 것은?

① 황색은 반대방향의 교통류분리 또는 도로이용의 제한 및 지시
② 청색은 지정방향의 교통류분리표지
③ 적색은 어린이보호구역 또는 주거지역 안에 설치하는 속도제한 표시의 테두리선
④ 백색은 동일 방향의 경계표시 또는 도로이용의 제한

해설 **노면표시의 기본색상**
- 백색은 동일 방향의 교통류 분리 및 경계표시
- 황색은 반대방향의 교통류분리 또는 도로이용의 제한 및 지시(중앙선표시, 노상장애물 중 도로중앙장애물표시, 주차금지표시, 정차·주차금지표시 및 안전지대표시)
- 청색은 지정방향의 교통류분리표시(버스전용차로표시 및 다인승차량 전용차선표시)
- 적색은 어린이보호구역 또는 주거지역 안에 설치하는 속도제한표시의 테두리선에 사용

정답 85 ② 86 ③ 87 ④

문제 88 다음 주의표지 중 도로폭이 좁아짐을 나타내는 표지는?

①    ②

③    ④

해설 ① 우합류도로 ③ 미끄러운도로 ④ 양측방통행

문제 89 도로교통의 안전을 위하여 각종 주의, 규제, 지시 등의 내용을 노면에 기호, 문자 또는 선으로 도로사용자에게 알리는 안전표지는?
① 노면표시 ② 규제표지
③ 지시표지 ④ 보조표지

해설 노면에 기호, 문자 또는 선으로 알리는 표지는 노면표시이다.

문제 90 다음 중 도로교통법령상 노면표시의 색채기준으로 틀린 것은?
① 황색 - 중앙선표시
② 청색 - 주차금지표시
③ 적색 - 어린이보호구역 안에 설치하는 속도제한표시의 테두리선
④ 백색 - 동일 방향의 교통류 분리 및 경계표시

해설 주차금지는 황색이고, 청색은 버스전용차로표시 및 다인승차량 전용차선 표시에 사용된다.

정답 88 ② 89 ① 90 ②

문제 91 도로의 통행방법·통행구분 등 도로교통의 안전을 위하여 필요한 지시를 하는 경우 도로사용자가 이를 따르도록 알리는 표지는?

① 주의표시
② 규제표시
③ 지시표지
④ 보조표시

해설 지시표지는 도로의 통행방법·통행구분 등 도로교통의 안전을 위하여 필요한 지시를 하는 경우 도로사용자가 이를 따르도록 알리는 표지이다.

문제 92 다음 중 교통사고처리특례법상 교통사고에 해당하는 것은?

① 육교에서 주의하여 운행 중인 차량과 사람이 충돌하여 사람이 부상을 당한 경우
② 축대가 무너져 도로를 진행 중인 차량이 부서진 경우
③ 가로수가 넘어져 차량 운전자가 부상당한 경우
④ 횡단보도 녹색 보행자 횡단신호에서 자전거와 보행자가 충돌하여 사람이 다친 경우

해설 횡단보도에서 보행자 보호의무 위반사고는 교통사고에 해당하며, 해당 사고로 인해 인명피해가 발생하면 형사처벌의 대상이 된다.

문제 93 다음 중 교통조사관이 교통사고로 처리하는 사고의 경우는?

① 자살, 자해 행위로 인정되는 경우
② 확정적 고의에 의하여 타인을 사상한 경우
③ 건조물 등이 떨어져 운전자 또는 동승자가 사상한 경우
④ 술취한 사람이 도로에 누워있다 사상된 경우

해설 술취한 사람이 도로에 누워있다 사상된 경우는 도로교통법에 의거 교통사고로 처리된다.

정답 91 ③ 92 ④ 93 ④

문제 94 **위험운전치사상의 경우 사고운전자의 가중처벌 기준은?**
① 음주로 정상적인 운전이 곤란한 상태에서 자동차 등을 운전하여 사람을 사망에 이르게 한 경우에는 1년 이상의 유기징역에 처한다.
② 음주로 정상적인 운전이 곤란한 상태에서 자동차 등을 운전하여 사람을 사망에 이르게 한 경우에는 무기 또는 3년 이상의 유기징역에 처한다.
③ 약물의 영향으로 정상적인 운전이 곤란한 상태에서 자동차 등을 운전하여 사람을 사망에 이르게 한 경우에는 2년 이상의 유기징역에 처한다.
④ 사람을 상해한 경우에는 1년 이하의 징역 또는 500만 원 이상, 3천만 원 이하의 벌금에 처한다.

해설 특정범죄 가중처벌 등에 관한 법률 제5조의 11(위험운전 등 치사상)
• 음주 또는 약물의 영향으로 정상적인 운전이 곤란한 상태에서 자동차 등을 운전하여 사람을 사망에 이르게 한 경우 : 무기 또는 3년 이상의 유기징역
• 사람을 상해한 경우 : 1년 이상 15년 이하의 징역 또는 1천만원 이상, 3천만 원 이하의 벌금

문제 95 **운전자가 피해자를 사고 장소로부터 옮겨 유기하고 도주한 경우에 대한 가중처벌 기준으로 틀린 것은?**
① 피해자를 사망에 이르게 하고 도주한 경우 사형, 무기 또는 5년 이상의 징역
② 피해자를 상해에 이르게 한 경우에는 1년 이상의 유기징역
③ 도주 후에 피해자가 사망한 경우에는 사형, 무기 또는 5년 이상의 징역
④ 피해자를 상해에 이르게 한 경우에는 3년 이상의 유기징역

해설 피해자를 상해에 이르게 한 경우에는 3년 이상의 유기징역에 처한다.

정답 94 ② 95 ②

문제 96 사고운전자가 형사상 합의가 안 되어 형사처벌 대상이 되는 중상해의 범위로 볼 수 없는 상해는?

① 사고 후유증으로 중증의 정신장애
② 완치 가능한 사고 후유증
③ 사지절단
④ 생명유지에 불가결한 뇌의 중대한 손상

해설 중상해의 범위는 생명유지에 불가결한 뇌 또는 주요장기에 중대한 손상(생명에 대한 위험), 사지절단 등 신체 중요부분의 상실·중대변형 또는 시각·청각·언어·생식기능 등 중요한 신체기능의 영구적 상실(불구), 사고 후유증으로 중증의 정신장애·하반신 마비 등 완치 가능성이 없거나 희박한 중대질병(불치나 난치의 질병)이다.

문제 97 다음 중 특정범죄 가중처벌 등에 관한 법률에 의거 사고운전자가 가중처벌을 받는 경우가 아닌 것은?

① 사고운전자가 피해자를 구호하는 등의 조치를 하지 아니하고 도주한 경우
② 사고운전자가 피해자를 사고 장소로부터 옮겨 유기하고 도주한 경우
③ 위험운전 치사상의 경우
④ 중앙선 침범 사고로 인한 인명피해를 야기한 경우

해설 사고운전자가 피해자를 구호하는 등의 조치를 하지 아니하고 도주한 경우, 또는 사고 장소로부터 옮겨 유기하고 도주한 경우, 위험운전 치사상의 경우에 특정범죄 가중처벌 등에 관한 법률에 의거 처벌 받는다.
중앙선 침범사고로 인한 인명피해를 야기한 경우는 교통사고처리 특례법에 의해 처벌받는다.

문제 98 교통사고처리특례법의 적용에 대한 설명으로 옳지 않은 것은?

① 차의 교통으로 인한 사고가 발생하여 운전자를 형사 처벌하여야 하는 경우에 적용
② 인적 피해를 야기한 경우에는 형법 제268조에 따른 업무상 과실치사상죄 또는 중과실치사상죄를 적용
③ 물적 피해를 야기한 경우에는 도로교통법 제151조의 과실재물손괴죄를 적용
④ 사람이 건물, 육교 등에서 추락하여 운행 중인 차량과 충돌 또는 접촉하여 사상한 경우 적용

해설 사람이 건물, 육교 등에서 추락하여 운행 중인 차량과 충돌 또는 접촉하여 사상한 경우에는 교통사고로 처리되지 않는다.

정답 96 ② 97 ④ 98 ④

문제 99 다음 중 교통사고처리특례법 적용 시 특례 예외 단서조항의 사고가 아닌 것은?

① 단순 추돌 사고 + 인명피해
② 횡단, 유턴 또는 후진 중 사고 + 인명피해
③ 승객추락방지의무 위반사고 + 인명피해
④ 어린이보호구역 내 어린이보호의무 위반사고 + 인명피해

해설 단순 추돌사고는 교통사고처리특례법의 적용대상이 아니다.

문제 100 교통사고로 인한 사망사고의 성립요건으로 맞지 않는 것은?

① 모든 장소에서 차의 교통으로 인한 사고
② 자동차 본래의 운행목적이 아닌 작업 중 과실로 피해자가 사망한 경우
③ 운전자로서 요구되는 업무상 주의의무를 소홀히 한 과실
④ 운행 중인 자동차에 충격되어 사망한 경우

해설 자동차 본래의 운행목적이 아닌 작업 중 과실로 피해자가 사망한 경우는 예외로 한다.

문제 101 교통사고처리특례법상 특례 예외 사고인 중앙선 침범 사고로 볼 수 없는 것은?

① 커브 길에서 과속으로 인한 중앙선 침범의 경우
② 빗길에서 과속으로 인한 중앙선 침범의 경우
③ 졸다가 뒤늦은 제동으로 중앙선을 침범한 경우
④ 사고를 피하기 위해 급제동하다 중앙선을 침범한 경우

해설 사고를 피하기 위해 급제동하다 중앙선을 침범한 경우, 위험을 회피하기 위해 중앙선을 침범한 경우, 제한속도를 준수하여 운행 중 빙판길 또는 빗길에서 미끄러져 중앙선을 침범한 경우는 부득이한 경우라 하여 중앙선 침범을 적용할 수 없다.

정답 99 ① 100 ② 101 ④

문제 102 비가 내려 노면이 젖은 상태일 때 제한속도 70km/h인 도로에서는 몇 km/h 이하로 주행하여야 하는가?

① 49km/h   ② 56km/h   ③ 63km/h   ④ 70km/h

해설 노면이 젖어 있는 경우와 눈이 20mm 미만 쌓인 경우는 최고속도의 100분의 20을 줄인 속도로 주행하여야 한다. 70km/h를 20% 줄인 속도로 운행하려면 56km/h로 주행하여야 한다.

문제 103 속도위반(40km/h 초과 60km/h 이하)에 따른 벌점은?

① 60점   ② 30점   ③ 15점   ④ 10점

해설 40km/h 초과 60km/h 이하 속도위반 시에는 범칙금 10만 원, 벌점 30점이 부과된다.

문제 104 철길 건널목의 종류에 대한 설명이 틀린 것은?

① 1종 건널목 : 차단기, 건널목 경보기 및 교통안전표지가 설치되어 있는 경우
② 2종 건널목 : 건널목 경보기 및 교통안전표지가 설치되어 있는 경우
③ 3종 건널목 : 교통안전표지만 설치되어 있는 경우
④ 4종 건널목 : 건널목 경보기만 설치되어 있는 경우

해설 철길 건널목은 1~3종까지 있다.

문제 105 다음 중 횡단보도 보행자로 인정되는 경우는?

① 횡단보도에 엎드려 있는 사람
② 세발자전거를 타고 횡단보도를 건너는 어린이
③ 횡단보도 내에서 택시를 잡고 있는 사람
④ 횡단보도에서 자전거를 타고 가는 사람

해설 세발자전거는 차가 아니므로 이를 탑승하고 횡단보도를 건너는 어린이는 보행자로 인정된다.

정답 102 ②   103 ②   104 ④   105 ②

문제 106 다음 중 음주운전으로 처벌이 불가한 경우는?

① 혈중알코올 농도 0.05% 상태로 주차장 통행로에서 운전한 경우
② 혈중알코올 농도 0.06% 상태로 공장 내 통행로에서 운전한 경우
③ 혈중알코올 농도 0.02% 상태로 도로에서 운전한 경우
④ 혈중알코올 농도 0.05% 상태로 학교 내 통행로에서 운전한 경우

해설 혈중알코올 농도 0.03% 미만에서의 음주운전은 처벌 불가하다.

문제 107 다음 중 보도침범, 보도 통행방법 위반사고에 해당되지 않는 것은?

① 보도와 차도가 구분된 도로에서 보도 내 보행자를 충돌한 사고
② 보도 내에서 보행자를 충돌한 사고
③ 도로에서 보도를 횡단하여 건물로 진입하다가 보행자와 충돌한 경우
④ 피해자가 자전거 또는 원동기장치자전거를 타고 가던 중 자동차와 충돌한 사고

해설 피해자가 자전거 또는 원동기장치자전거를 타고 가던 중 사고는 재차로 간주되어 적용 제외된다.

문제 108 교통사고의 정의에 대한 설명으로 맞지 않은 것은?

① 차의 교통으로 물건을 운반하는 것
② 차의 교통으로 사람을 사망하게 하는 것
③ 차의 교통으로 물건을 손괴하는 것
④ 차의 교통으로 사람을 다치게 하는 것

해설 교통사고란 차의 교통으로 인하여 사람을 사상하거나 물건을 손괴하는 것을 말한다.

정답 106 ③ 107 ④ 108 ①

문제 109 차가 주행 중 도로 또는 도로 이외의 장소에 차체의 측면이 지면에 접하고 있는 상태를 무엇이라 하는가?

① 전도   ② 전복
③ 추락   ④ 충돌

해설 용어의 정의
- **전복** : 차가 주행 중 도로 또는 도로 이외의 장소에 뒤집혀 넘어진 것
- **추락** : 차가 도로변 절벽 또는 교량 등 높은 곳에서 떨어진 것
- **충돌** : 차가 반대방향 또는 측방에서 진입하여 그 차의 정면으로 다른 차의 정면 또는 측면을 충격한 것

문제 110 차의 급제동으로 인하여 타이어의 회전이 정지된 상태에서 노면에 미끄러져 생긴 타이어 마모흔적 또는 활주흔적을 무엇이라고 하는가?

① 스키드마크   ② 요마크
③ 교통마크   ④ KS마크

해설 스키드마크의 정의를 묻는 문제이다.

문제 111 교통사고 조사규칙 제2조에 의거 대형사고의 기준은?

① 1명 이상이 사망하거나 5명 이상의 사상자가 발생한 사고
② 2명 이상이 사망하거나 10명 이상의 사상자가 발생한 사고
③ 3명 이상이 사망하거나 20명 이상의 사상자가 발생한 사고
④ 4명 이상이 사망하거나 40명 이상의 사상자가 발생한 사고

해설 3명 이상이 사망하거나 20명 이상의 사상자가 발생한 경우 대형사고라 한다.

정답 109 ① 110 ① 111 ③

1. 교통, 운수 관련 법규 및 교통사고 유형

문제 112 다음 중 교통사고처리특례법상 교통사고로 처리되는 것은?

① 명백한 자살이라고 인정되는 경우
② 확정적인 고의 범죄에 의해 타인을 사상한 경우
③ 축대 등이 무너져 도로를 진행 중인 차량이 손괴된 경우
④ 자동차의 교통으로 인하여 사람을 사상하거나 물건을 손괴하는 경우

해설 자동차의 교통으로 인하여 사람을 사상하거나 물건을 손괴하는 것을 교통사고라 한다.

문제 113 다음 중 교통사고로 처리하는 경우는?

① 자살·자해행위로 인정되는 경우
② 확정적 고의에 의하여 타인을 사상하거나 물건을 손괴한 경우
③ 낙하물에 의하여 차량 탑승자가 사상하였거나 물건이 손괴된 경우
④ 터널 안에서 횡단하는 보행자를 사상한 경우

해설 터널 안에서 횡단하는 보행자를 사상한 경우는 명백한 교통사고이다.

문제 114 앞차가 갑자기 정지하게 되는 경우 그 앞차와의 추돌을 피할 수 있는 필요한 거리로 정지거리보다 약간 긴 정도의 거리는?

① 안전거리
② 정지거리
③ 반응거리
④ 제동거리

해설 같은 방향으로 가고 있는 앞차가 갑자기 정지하게 되는 경우 그 앞차와의 추돌을 피할 수 있는 필요한 거리로 정지거리보다 약간 긴 정도의 거리를 안전거리라 한다.

정답 112 ④ 113 ④ 114 ①

PART 01 이론 및 문제해설

문제 115 추돌사고의 운전자 과실 원인에서 앞차의 급정지 원인이 다른 하나는?
① 신호 착각에 따른 급정지
② 자동차 전용도로에서 전방사고를 구경하기 위해 급정지
③ 주·정차 장소가 아닌 곳에서 급정지
④ 우측 도로변 승객을 태우기 위해 급정지

해설 앞차의 정당한 급정지의 경우는 초행길, 전방상황 오인, 신호 착각 등이 있다.

문제 116 안전거리 미확보 사고의 성립요건에 해당되는 것은?
① 앞차가 후진하는 경우
② 앞차가 고의로 급정지하는 경우
③ 앞차가 의도적으로 급정지하는 경우
④ 뒤차가 안전거리 미확보하여 앞차를 추돌한 경우

해설 앞차가 후진하거나, 고의나 의도적으로 급정지하는 경우에는 운전자 과실로 인한 안전거리 미확보 사고가 성립되지 않는다.

문제 117 고속도로에서 주행할 때 통행하는 차로를 무엇이라 하는가?
① 가속차로
② 감속차로
③ 주행차로
④ 오르막차로

해설
- **가속차로** : 가속하는 차로
- **감속차로** : 감속하는 차로
- **주행차로** : 주행하는 차로
- **오르막차로** : 저속차량이 고속차량에게 양보하는 차로

정답 115 ① 116 ④ 117 ③

문제 118 고속도로에서 저속으로 오르막을 오를 때 사용하는 차로는?

① 주행차로
② 가속차로
③ 감속차로
④ 오르막차로

해설 오르막차로란 고속도로에서 저속으로 오르막을 오를 때 사용하는 차로를 말한다.

문제 119 진로변경 또는 급차로변경 사고의 성립요건이 아닌 것은?

① 도로에서 발생한 경우
② 옆 차로에서 진행 중인 차량이 갑자기 차로를 변경하여 불가항력적으로 충돌한 경우
③ 사고 차량이 차로를 변경하면서 변경방향 차로 후방에서 진행하는 차량의 진로를 방해한 경우
④ 차로 변경 후 상당 구간 진행 중인 차량을 뒤차가 추돌한 경우

해설 차로 변경 후 상당 구간 진행 중인 차량을 뒤차가 추돌한 경우는 진로변경(급차로 변경) 사고의 성립요건의 예외사항이다.

문제 120 진로변경사고의 성립요건에 해당되는 것은?

① 동일 방향 앞·뒤 차량으로 진행하던 중 앞차가 차로를 변경하는데 뒤차도 따라 차로를 변경하다가 앞차를 추돌한 경우
② 장시간 주차하다가 막연히 출발하여 좌측 면에서 차로 변경 중인 차량의 후면을 추돌한 경우
③ 차로 변경 후 상당 구간 진행 중인 차량을 뒤차가 추돌한 경우
④ 사고 차량이 차로를 변경하면서 변경방향 차로 후방에서 진행하는 차량의 진로를 방해한 경우

해설 사고 차량이 차로를 변경하면서 변경방향 차로 후방에서 진행하는 차량의 진로를 방해한 경우는 진로변경사고로 본다.

정답 118 ④ 119 ④ 120 ④

문제 121 **후진사고의 성립요건으로 틀린 것은?**

① 아파트 주차장에서 발생
② 유료주차장에서 발생
③ 주차된 차량이 노면경사로 인해 뒤로 미끄러져 발생
④ 도로에서 발생

해설 아파트 주차장이나 유료주차장은 공로가 아니므로 도로교통법을 적용할 수 없고, 주차된 차량이 경사로 인해 미끄러진 것은 운전이라고 볼 수 없다.
2017. 10. 24. 도로교통법 개정으로 아파트 주차장, 유료주차장 등 주차장 내 사고도 도로교통법의 적용을 받는다.

문제 122 **후진에 의한 교통사고에 대한 설명으로 틀린 것은?**

① 대로상에서 뒤에 있는 일정한 장소나 다른 길로 진입하기 위해 상당한 구간을 계속 후진하다가 정상진행 중인 차량과 충돌한 경우는 안전운전불이행 사고로 본다.
② 도로보수를 위한 응급조치작업에 사용되는 자동차로 부득이하게 후진하다 사고가 발생한 경우는 운전자과실이 아니다.
③ 후진사고가 성립되기 위해서는 후진하는 차량에 충돌되어 피해를 입어야 한다.
④ 후진하기 위하여 주의를 기울였음에도 불구하고 다른 차량의 정상적인 통행을 방해하여 충돌한 경우는 후진위반에 의한 교통사고로 본다.

해설 대로상에서 뒤에 있는 일정한 장소나 다른 길로 진입하기 위해 상당한 구간을 계속 후진하다가 정상진행 중인 차량과 충돌한 경우는 통행구분 위반사고로 본다. 역진으로 보아 중앙선 침범과 동일하게 취급한다.

문제 123 **교차로 통행방법 위반사고로 볼 수 없는 것은?**

① 뒤차가 교차로에서 좌회전하다 앞차의 측면을 접촉하여 발생한 사고
② 교차로에서 안전운전 불이행으로 앞차의 측면을 접촉한 사고
③ 교차로에서 신호위반차량에 충돌되어 피해를 입은 사고
④ 교차로에서 우회전하다 옆 차의 측면을 접촉하여 발생한 사고

해설 신호위반 차량에 충돌되어 피해를 입은 경우는 예외로 한다.

정답 121 ③ 122 ① 123 ③

문제 124
신호등 없는 교차로에서 교차로 진입 전 일시정지 또는 서행하지 않았다는 증거를 판독하는 방법과 가장 거리가 먼 것은?

① 충돌 직전 노면에 스키드 마크가 형성되어 있는 경우
② 충돌 직전 노면에 요 마크가 형성되어 있는 경우
③ 가해 차량의 진행방향으로 상대 차량을 밀고가거나, 전도(전복)시킨 경우
④ 상대 차량의 정면을 충돌한 경우

해설 상대 차량의 측면을 충돌한 경우여야 한다.

문제 125
신호등 없는 교차로에서 진입 전 일시정지 또는 서행하지 않은 경우를 설명하는 내용으로 틀린 것은?

① 충돌 직전 노면에 제동 타이어 흔적이 없는 경우
② 충돌 직전 노면에 요 마크가 형성되어 있는 경우
③ 상대 차량의 측면을 정면으로 충돌한 경우
④ 가해 차량의 진행방향으로 상대 차량을 밀고 가거나 전도(전복)시킨 경우

해설 제동 타이어 흔적, 즉 스키드마크가 있어야 급제동이 있었다고 판단한다. 급제동이 있었다는 것은 그만큼 과속했다는 의미이다. 따라서 제동 타이어 흔적이 없다면 일시정지 혹은 서행 여부를 설명할 수 없게 된다.

문제 126
신호등 없는 교차로 사고의 성립요건 중 시설물 설치요건에 해당되지 않는 교통안전표지는?

① 양보표지
② 일시정지표지
③ 서행표지
④ 비보호좌회전표지

해설 일시정지, 서행, 양보표지는 신호등이 없기 때문에 필요한 표지이다.

정답 124 ④ 125 ① 126 ④

문제 127 다음 중 신호등 없는 교차로 사고 중에서 운전자 과실에 의한 사고의 성립요건이 아닌 것은?

① 선진입 차량에게 진로를 양보하지 않는 경우
② 상대 차량이 보이지 않는 곳, 교통이 빈번한 곳을 통행하면서 일시정지하지 않고 통행하는 경우
③ 통행 우선권이 있는 차량에게 양보하고 통행하는 경우
④ 일시정지, 서행, 양보표지가 있는 곳에서 이를 무시하고 통행하는 경우

해설) 통행우선권이 있는 차량에게 양보한 경우는 운전자 과실로 보지 않는다.

문제 128 신호등 없는 교차로 통행 시 교통사고를 일으킬 수 있는 운전자의 일반적인 과실이 아닌 것은?

① 선진입 차량에게 진로를 양보하지 않는 경우
② 교통이 빈번한 곳을 통행하면서 일시정지하지 않고 통행하는 경우
③ 통행우선권이 있는 차량에게 양보하지 않고 통행하는 경우
④ 차량 양보표지가 설치된 곳에서 이를 지키며 통행하는 경우

해설) 양보표지를 지키며 통행하는 경우 과실이라 볼 수 없다.

문제 129 다음 중 서행의 정의는?

① 자동차가 완전히 멈추는 상태를 의미한다.
② 반드시 차가 일시적으로 그 바퀴를 완전히 멈추어야 하는 행위 자체를 의미한다.
③ 반드시 차가 멈추어야 하되, 얼마간의 시간 동안 정지상태를 유지하는 것을 의미한다.
④ 차가 즉시 정지할 수 있는 느린 속도로 진행하는 것을 의미한다.

해설) 서행이란 차가 즉시 정지할 수 있는 느린 속도로 진행하는 것을 의미한다.

정답 127 ③ 128 ④ 129 ④

문제 130 도로교통법령상 운전 중 일시정지를 해야 할 상황이 아닌 것은?

① 교차로에서 좌·우회전하는 경우
② 교차로 또는 그 부근에서 긴급자동차가 접근한 때
③ 어린이가 보호자 없이 도로를 횡단하는 때
④ 차량신호등의 적색등화가 점멸하고 있는 경우

해설 교차로에서 좌·우회전하는 경우는 서행하여야 하는 상황이다.

문제 131 다음 중 일시정지의 의미를 잘 설명하고 있는 것은?

① 차가 즉시 정지할 수 있는 느린 속도로 진행하는 것을 의미
② 반드시 차가 멈추어야 하되, 얼마간의 시간 동안 정지상태를 유지하는 교통상황의 의미
③ 반드시 차가 일시적으로 그 바퀴를 완전히 멈추어야 하는 행위 자체에 대한 의미
④ 자동차가 완전히 멈추는 상태를 의미

해설 일시정지란 반드시 차가 멈추어야 하되, 얼마간의 시간 동안 정지상태를 유지하는 교통상황의 의미로 정지상황의 일시적 전개를 의미한다.

문제 132 주행 중 교차로 또는 그 부근에서 긴급자동차가 접근한 때에 운전자가 취해야 하는 운행방법은?

① 교차로를 피하기 위하여 도로의 우측 가장자리에 일시정지 한다.
② 교차로를 피하기 위하여 도로의 우측 가장자리에 정지한다.
③ 긴급자동차가 피해갈 수 있도록 도로 중앙을 이용해 서행한다.
④ 그 자리에서 정지한다.

해설 교차로 또는 그 부근에서 긴급자동차가 접근한 때에는 교차로를 피하여 도로의 우측 가장자리에 일시정지하여야 한다.

정답 130 ① 131 ② 132 ①

문제 133 다음 중 난폭운전이 아닌 것은?

① 급격한 차로변경
② 타 운전자에게 위협이 되지 않는 속도로 운전
③ 핸들 급조작
④ 지그재그 운행

해설 급격한 차로변경, 핸들 급조작, 지그재그 운행, 급진입 운전 등은 난폭운전의 대표적인 사례이다.

문제 134 다음 중 안전운전이라고 볼 수 있는 것은?

① 인식할 수 있는 과실로 타인에게 현저한 위해를 초래하는 운전을 하는 경우
② 타인에게 위험을 주는 속도로 운전을 하는 경우
③ 도로의 교통상황과 차의 구조 및 성능에 따라 다른 사람에게 위험과 장해를 주지 않는 방법으로 운전하는 경우
④ 타인의 통행을 현저하게 방해하는 운전을 하는 경우

해설 모든 자동차 장치를 정확히 조작하여 운전하는 경우와 도로의 교통상황과 차의 구조 및 성능에 따라 다른 사람에게 위험과 장해를 주지 않는 방법으로 운전하는 경우를 안전운전이라 한다.

문제 135 안전운전 불이행 사고가 아닌 것은?

① 자동차 장치조작을 잘못한 경우
② 전·후·좌·우 주시가 태만한 경우
③ 차내 대화 등으로 운전을 부주의한 경우
④ 차량정비 중 안전부주의로 피해를 입은 경우

해설 차량 정비 중 안전부주의로 피해를 입은 경우는 예외사항이다.

정답 133 ② 134 ③ 135 ④

문제 136 **다음 중 안전운전 불이행 사고의 성립요건이 아닌 것은?**

① 차내 대화 등으로 운전을 부주의한 경우
② 운전자의 과실을 논할 수 없는 사고
③ 자동차 장치조작을 잘못한 경우
④ 타인에게 위해를 준 난폭운전의 경우

해설 운전자의 과실을 논할 수 없는 사고의 경우는 예외로 한다.

문제 137 **안전거리 미확보 사고의 성립요건 중 운전자 과실 원인에서 앞차의 과실 있는 급정지 원인이 아닌 것은?**

① 앞 차의 교통사고를 보고 급정지
② 우측 도로변 승객을 태우기 위해 급정지
③ 주·정차 장소가 아닌 곳에서 급정지
④ 자동차전용도로에서 전방사고를 구경하기 위해 급정지

해설 우측 도로변 승객을 태우기 위해 급정지, 주·정차 장소가 아닌 곳에서 급정지, 자동차전용도로에서 전방사고를 구경하기 위해 급정지는 안전거리 미확보 사고의 성립요건 중 앞 차의 과실 있는 급정지에 해당한다.

문제 138 **안전운전 불이행 사고로 볼 수 있는 것은?**

① 차량 정비 중 안전부주의로 피해를 입은 경우
② 보행자가 고속도로나 자동차전용도로에 진입하여 통행한 경우
③ 차내 대화 등으로 운전을 부주의한 경우
④ 1차 사고에 이은 불가항력적인 2차 사고

해설 차내 대화 등으로 운전을 부주의한 경우는 안전운전 불이행 중 운전자과실 사고라 볼 수 있다.

정답 136 ② 137 ① 138 ③

2. 자동차 관리요령

01. 일상점검 중 변속레버는 P(주차)에 위치시킨 후 주차 브레이크를 당겨 놓는다.

02. 운전석 변속기를 일상 점검할 때 클러치 자유간극을 점검한다.

03. 엔진오일을 점검하는 것은 엔진점검에 해당한다.

04. 여름철에 차 문을 닫고 직사광선을 오래 받게 되면 차내 온도가 급격히 상승하게 되어 인화 혹은 폭발성 물질의 점화 혹은 폭발 가능성이 증대된다.

05. 소화기는 영구적으로 사용할 수 없으므로 정기적으로 충전·관리하여야 한다.

06. 운행 전 후사경을 조정하여 충분한 시계를 확보한다.

07. 터보차저의 주요 고장원인으로는 엔진오일 오염, 윤활유 공급 부족, 이물질 유입으로 인한 압축기 날개 손상 등이 있으며, 공회전 시 급가속은 터보차저 각부의 손상을 가져올 수 있으므로 삼간다.

08. 자동차 내장을 세척할 때 아세톤, 에나멜, 표백제 등으로 세척할 경우에는 변색되거나 손상이 발생할 수 있다.

09. CNG는 Compressed Natural Gas의 약자로 압축천연가스라고 부른다.

10. 가스공급라인의 몸체가 파열된 경우에는 재사용하지 말고 교환한다.

11. CNG 램프가 점등될 경우 가스 연료량의 부족으로 엔진의 출력이 낮아져 정상적인 운행이 불가능할 수 있으므로 가스를 재충전한다.

12. 눈길, 진흙길, 모랫길에서는 2단 기어를 사용하여 차바퀴가 헛돌지 않도록 천천히 가속한다.

13. 브레이크 라이닝이 물에 젖으면 제동력이 떨어지므로 물이 고인 곳을 주행했을 때에는 여러 번에 걸쳐 브레이크를 짧게 밟아 브레이크를 건조시켜야 한다.

14. 타이어에 체인을 장착한 경우 30km/h 이내의 속도로 주행하는 것이 안전하다.

15. 오버히트(과열)가 발생하는 원인
- 냉각수가 부족한 경우
- 냉각수에 부동액이 들어있지 않은 경우(추운 날씨)
- 엔진 내부가 얼어 냉각수가 순환하지 않는 경우

16. 엔진 시동 후에는 적당한 워밍업을 한 후 운행한다. 엔진이 냉각된 상태로 운행하면 엔진고장이 발생할 수 있다.

17. 고속도로에서 운행할 때에는 풋 브레이크와 엔진브레이크를 함께 사용한다.

18. 연료주입구 캡은 시계 반대방향으로 돌려야 열리거나 분리된다.

19. 헤드레스트(Headrest) : 자동차의 좌석에서 등받이 맨 위쪽의 머리를 받치는 부분의 역할을 하는 것

20. 신체 건강하고 질병이 없는 승객은 위험 발생 가능성이 상대적으로 적다.

21. 안전벨트 착용방법 : 허리벨트는 골반 위를 지나 엉덩이 부위를 지나야 한다.

22. 자동차 계기판 용어
- **적산거리계** : 자동차가 주행한 총 거리를 나타낸다.
- **회전계** : 엔진의 분당 회전수(RPM)를 나타낸다.
- **속도계** : 자동차의 시간당 주행속도를 나타낸다.
- **전압계** : 배터리의 충전 및 방전상태를 나타낸다.
- **연료계** : 연료탱크에 남아있는 연료의 잔류량을 나타낸다.

23. 전조등은 2단계에서 점등된다.

24. 상향 전조등은 상대방 운전자에 현혹현상을 발생시키므로 항상 상향으로 조작해서는 안 되고 필요한 경우에만 사용하여야 한다.

25. 와셔액 탱크가 비어 있을 경우에 와이퍼를 작동시키면 와이퍼 모터가 손상될 수 있다.

26. 방향지시등이 평상시보다 빠르게 작동하면 방향지시등의 전구가 끊어진 경우이므로 교환하여야 한다.

27. 냉각수 부족으로 엔진이 과열되었을 경우에 급하게 차가운 냉각수를 공급하면 엔진에 균열이 발생할 수 있다.

28. 풋 브레이크가 작동하지 않는 경우 고단 기어에서 저단 기어로 한 단씩 줄여 감속한 뒤에 주차 브레이크를 이용하여 정지한다.

29. 일반자동차로 견인할 경우 견인 로프는 5m 이내로 하고, 로프 중간에는 넓이 30cm 이상의 흰 천을 묶어 식별이 용이하도록 한다.

30. 핸들이 무거운 경우는 앞바퀴의 공기압이 부족하거나 파워스티어링 오일이 부족한 경우이다.

31. 좌, 우 라이닝 간극이 다른 경우는 브레이크가 편제동되는 경우이다.

32. **동력전달장치** : 자동차의 동력발생장치에서 발생한 동력을 주행상황에 맞는 적절한 상태로 변화를 주어 바퀴에 전달하는 장치

33. **자동변속기 오일의 색깔**
- **투명도가 높은 붉은 색** : 정상인 경우
- **갈색** : 가혹한 상태에서 사용되거나, 장시간 사용한 경우
- **검은색** : 자동변속기 내부의 클러치 디스크의 마멸분말에 의한 오손, 기어가 마멸된 경우

34. 레이디얼 타이어는 충격을 흡수하는 강도가 적어 승차감이 좋지 않다.

35. 스프링에는 판, 코일, 토션바, 공기스프링이 있다.
코일 스프링은 단위중량당 에너지 흡수율이 판 스프링보다 크다.
판 스프링은 내구성이 크고 진동의 억제작용이 큰 대신 작은 진동은 흡수가 곤란한 특성이 있어 버스나 화물차에 주로 사용한다.
- **조향장치** : 가볍고 원활한 진행방향의 조작을 가능하게 하는 장치
- **현가장치** : 충격을 흡수하는 장치
- **동력전달장치** : 동력발생장치에서 발생된 동력을 바퀴에 전달하는 장치
- **제동장치** : 차량의 속도를 감속하거나 정지시키고, 정지상태를 유지할 수 있게 하는 장치

36. 휠 얼라인먼트에는 캠버, 캐스터, 토인, 조향축(킹핀), 경사각 등이 있다.
토인(Toe-In)은 앞바퀴가 옆방향으로 미끄러지는 것을 방지한다.

37. **공기식 브레이크의 구성**
공기 압축기, 공기탱크, 브레이크 밸브, 릴레이 밸브, 퀵릴리스 벨브, 체크밸브, 브레이크 챔버, 저압표시기

38. 공기식 브레이크는 엔진으로 공기압축기를 구동하여 발생할 압축공기를 동력원으로 사용하는 방식으로 버스나 트럭 등 대형 차량에 주로 사용한다.

39. 체크밸브의 기능 - 밸브를 닫아 탱크 내의 용기가 새지 않도록 하는 것

40. 감속 브레이크는 제3의 브레이크라고도 하며, 엔진·제이크·배기·리타더 브레이크가 있다.

41. **자동차검사**
신규검사는 수입자동차, 일시말소 후 재등록하고자 하는 자동차 등의 등록을 할 때 받는 검사이다.
임시검사는 불법개조 또는 불법정비 등에 대한 안전성을 확보하거나, 사업용 자동차의 차령을 연장하거나, 자동차 소유자의 신청을 받아 시행하는 검사이다.

42. 자동차 등록증은 신규등록이 완료된 경우에 발급된다.

43. **책임보험이나 책임공제에 미가입한 1대의 자동차에 부과할 과태료**
가입하지 아니한 기간이 10일 이내인 경우 3만 원, 10일 초과 시 1일마다 8천 원씩 가산되며, 최고 100만 원까지 부과된다.

PART 01 이론 및 문제해설

문제 01 자동차의 일상점검을 실시할 때의 주의사항으로 틀린 것은?

① 경사가 없는 평탄한 곳에서 실시한다.
② 변속레버는 중립에 위치시킨 후 주차 브레이크는 풀어놓는다.
③ 점검은 환기가 되는 장소에서 실시한다.
④ 전기배선을 정비할 때에는 사전에 배터리의 음극단자를 분리한다.

해설 변속레버는 중립에 위치시킨 후 주차브레이크는 반드시 당겨놓아야 한다. 평지가 아닌 경우 차가 굴러가서 피해가 발생할 수 있기 때문이다.

문제 02 일상점검 중 주의사항이 아닌 것은?

① 경사가 없는 평탄한 장소에서 점검한다.
② 점검은 환기가 잘되는 장소에서 실시한다.
③ 연료장치나 배터리 부근에서는 불꽃을 멀리한다.
④ 변속레버는 R(후진)에 위치시킨 후 점검한다.

해설 변속레버는 P(주차)에 위치시킨 후 주차 브레이크를 당겨 놓는다.

문제 03 자동차의 일상점검을 실시할 때 운전석 점검내용이 아닌 것은?

① 핸들의 흔들림이나 유동 여부
② 브레이크 페달의 자유간극과 잔류간극의 적당 여부
③ 램프의 점멸 및 파손 여부
④ 와이퍼의 작동 여부

해설 램프의 점멸 및 파손 여부는 차의 외관 점검내용이다.

● 정답 01 ② 02 ④ 03 ③

문제 04 클러치의 자유간극 점검과 관련이 있는 일상점검 항목은?

① 핸들　　　② 변속기　　　③ 브레이크　　　④ 와이퍼

> **해설** 운전석 변속기를 일상 점검할 때 클러치 자유간극을 점검한다.

문제 05 운행 후 점검사항 중 외관점검에 해당되지 않는 것은?

① 엔진오일의 양은 적당하며 점도는 이상이 없는지 여부
② 차체가 기울지 않았는지 여부
③ 차체에 부품이 떨어진 곳은 없는지 여부
④ 후드(보닛)의 고리가 빠지지는 않았는지 여부

> **해설** 엔진오일을 점검하는 것은 엔진점검에 해당한다.

문제 06 폭발성 물질을 자동차 내에 방치할 경우 가장 위험한 계절은?

① 봄　　　② 여름　　　③ 가을　　　④ 겨울

> **해설** 여름철에 차 문을 닫고 직사광선을 오래 받게 되면 차내 온도가 급격히 상승하게 되어 인화 혹은 폭발성 물질의 점화 혹은 폭발 가능성이 증대된다.

문제 07 다음 중 소화기 사용방법으로 틀린 것은?

① 소화기는 영구적으로 사용할 수 있으므로 충전할 필요가 없다.
② 바람을 등지고 소화기의 안전핀을 제거한다.
③ 소화기 노즐을 화재 발생장소로 향하게 한다.
④ 소화기 손잡이를 움켜쥐고 빗자루로 쓸듯이 방사한다.

> **해설** 소화기는 정기적으로 충전 관리하여야 한다.

정답　04 ②　05 ①　06 ②　07 ①

문제 08 운행 전 충분한 시계를 확보하기 위해 조정하는 것은?
① 핸들 ② 에어컨
③ 브레이크 ④ 후사경

해설 운행 전 후사경을 조정하여 충분한 시계를 확보한다.

문제 09 터보차저의 주요 고장원인이 아닌 것은?
① 엔진 오일 오염 ② 윤활유 공급 부족
③ 이물질 유입 ④ 냉각기 고장

해설 터보차저 주요 고장원인 : 엔진오일 오염, 윤활유 공급 부족, 이물질 유입으로 인한 압축기 날개 손상

문제 10 자동차 터보차저의 관리요령으로 맞지 않는 것은?
① 회전부의 윤활과 터보차저에 이물질이 들어가지 않도록 한다.
② 시동 전 오일량을 확인하고 시동 후 오일압력이 정상적으로 상승되는지 확인한다.
③ 운행 전 예비회전을 3~10분 정도 시켜준다.
④ 공회전 시 급가속을 자주 한다.

해설 공회전 시 급가속은 터보차저 각부의 손상을 가져올 수 있으므로 삼간다.

문제 11 자동차 내장을 세척할 때 사용하면 변색되거나 손상을 줄 수 있는 것이 아닌 것은?
① 아세톤 ② 에나멜
③ 표백제 ④ 물수건

해설 아세톤, 에나멜, 표백제 등으로 세척할 경우에는 변색되거나 손상이 발생할 수 있다.

정답 08 ④ 09 ④ 10 ④ 11 ④

2. 자동차 관리요령

문제 12 천연가스를 고압으로 압축하여 고압 압력용기에 저장한 기체상태의 연료를 무엇이라 하는가?

① ANG　　　② LNG　　　③ LPG　　　④ CNG

해설　CNG는 Compressed Natural Gas의 약자로 압축천연가스라고 부른다.

문제 13 천연가스를 고압으로 압축하여 고압 압력용기에 저장한 기체상태의 연료는?

① 압축순환가스　　　② 액상정제가스
③ 압축천연가스　　　④ 압력천연가스

해설　압축천연가스의 정의이다.

문제 14 압축천연가스 자동차의 가스공급라인에서 가스가 누출될 때의 조치요령으로 옳지 않은 것은?

① 자동차 부근으로 화기 접근을 금지한다.
② 탑승하고 있는 승객은 안전한 곳으로 대피시킨다.
③ 가스공급라인의 몸체가 파열된 경우 용접하여 재사용한다.
④ 누설 부위를 비눗물 또는 가스검진기로 확인한다.

해설　가스공급라인의 몸체가 파열된 경우에는 재사용하지 말고 교환한다.

문제 15 CNG를 연료로 사용하는 자동차의 계기판에 CNG 램프가 점등될 경우 조치사항으로 맞는 것은?

① 전기장치의 작동을 피한다.　　　② 가스냄새를 확인한다.
③ 파이프나 호스를 조이거나 풀어본다.　　　④ 가스를 재충전한다.

해설　CNG 램프가 점등될 경우 가스 연료량의 부족으로 엔진의 출력이 낮아져 정상적인 운행이 불가능할 수 있으므로 가스를 재충전한다.

● 정답　12 ④　13 ③　14 ③　15 ④

문제 16 험한 도로에서 주행할 때 자동차 조작요령으로 적합하지 않은 것은?

① 요철이 심한 도로에서 감속 주행한다.
② 비포장도로, 눈길, 빙판길, 진흙탕 길을 주행할 때에는 속도를 낮추고 제동거리를 충분히 확보한다.
③ 눈길, 진흙길, 모랫길에서는 1단 기어를 사용하여 가속한다.
④ 저단 기어를 사용하고 기어변속이나 가속은 피한다.

해설 눈길, 진흙길, 모랫길에서는 2단 기어를 사용하여 차바퀴가 헛돌지 않도록 천천히 가속한다.

문제 17 악천후 시 주행방법에 대한 설명 중 틀린 것은?

① 비가 내릴 때에는 노면이 미끄러우므로 급제동을 피하고, 차간거리를 충분히 유지한다.
② 브레이크 라이닝이 물에 젖어 있어도 제동에는 문제가 없으므로 계속 주행해도 된다.
③ 폭우가 내릴 경우에는 시야 확보가 어려우므로 충분한 제동거리를 확보할 수 있도록 감속한다.
④ 안개가 끼었거나 기상조건이 좋지 않아 시계가 불량할 경우에는 속도를 줄이고, 미등 및 안개등 또는 전조등을 점등하고 운행한다.

해설 브레이크 라이닝이 물에 젖으면 제동력이 떨어지므로 물이 고인 곳을 주행했을 때에는 여러 번에 걸쳐 브레이크를 짧게 밟아 브레이크를 건조시켜야 한다.

문제 18 겨울철 타이어에 체인을 장착한 경우 안전하게 운행하려면 일반적으로 몇 km/h 이내로 주행하여야 하는가?

① 30km/h 이내
② 40km/h 이내
③ 50km/h 이내
④ 60km/h 이내

해설 타이어에 체인을 장착한 경우 30km/h 이내의 속도로 주행하는 것이 안전하다.

정답 16 ③ 17 ② 18 ①

2. 자동차 관리요령

문제 19 오버히트(Over Heat)가 발생하는 원인은?

① 냉각수 부족 또는 누수
② 에어컨 팬 작동 불량
③ 밸브 간극 이상
④ 깨끗한 브레이크 오일

해설 오버히트 발생원인은 냉각수가 부족하거나 순환하지 않는 경우이다.

문제 20 오버히트(엔진 과열)가 발생하는 원인이 아닌 것은?

① 냉각수가 부족한 경우
② 배터리 전압이 낮을 경우
③ 냉각수에 부동액이 들어 있지 않은 경우(추운 날씨)
④ 엔진 내부가 얼어 냉각수가 순환하지 않는 경우

해설 **오버히트가 발생하는 원인**
- 냉각수가 부족한 경우
- 냉각수에 부동액이 들어있지 않은 경우(추운 날씨)
- 엔진 내부가 얼어 냉각수가 순환하지 않는 경우

문제 21 겨울철 자동차 운행요령으로 적합하지 않은 것은?

① 엔진 시동 후에는 바로 운행한다.
② 차의 하체 부위의 얼음 덩어리를 운행 전에 제거한다.
③ 가속페달이나 핸들을 급조작하지 않는다.
④ 후륜구동 자동차는 뒷바퀴에 타이어체인을 장착하여야 한다.

해설 엔진 시동 후에는 적당한 워밍업을 한 후 운행한다. 엔진이 냉각된 상태로 운행하면 엔진고장이 발생할 수 있다.

정답 19 ① 20 ② 21 ①

문제 22 **고속도로를 운행할 때 자동차의 안전운행 요령으로 적합하지 않은 것은?**

① 연료, 냉각수, 엔진오일, 각종 벨트, 타이어 공기압 등을 운행 전에 점검한다.
② 터널의 출구 부분을 나올 때에는 속도를 줄인다.
③ 고속도로를 벗어날 경우 미리 출구를 확인하고 방향지시등을 작동시킨다.
④ 고속도로에서 운행할 때에는 풋 브레이크만 사용하여야 한다.

해설 고속도로에서 운행할 때에는 풋 브레이크와 엔진브레이크를 함께 사용한다.

문제 23 **시동키를 꽂지 않았지만 키를 차 안에 두고 어린이들만 차 내에 남겨 둘 경우 발생할 수 있는 문제로 거리가 먼 것은?**

① 어른들의 행동을 모방하여 시동키를 작동시킬 수 있다.
② 에어탱크의 공기압이 급격히 저하된다.
③ 차 안의 다른 조작 스위치 등을 작동시킬 수 있다.
④ 차를 조작하여 심각한 신체 상해를 초래할 수 있다.

해설 아이들이 차에 남아있다고 해서 에어탱크 공기압에 변화가 생기지는 않는다.

문제 24 **다음 중 버스의 화물실 도어를 개폐하는 요령으로 적합하지 않은 것은?**

① 차내 자동 개폐 버튼을 사용하여 도어를 열고 닫는다.
② 화물실 도어는 전용키를 사용한다.
③ 도어를 열 때는 키를 사용하여 잠금 상태를 해제한 후 도어를 당겨 연다.
④ 도어를 닫은 후에는 키를 사용하여 잠근다.

해설 도어를 열고 닫을 때에는 키를 사용한다.

정답 22 ④ 23 ② 24 ①

2. 자동차 관리요령

문제 25 연료주입구 개폐방법으로 틀린 것은?

① 시계방향으로 돌려 연료주입구 캡을 분리한다.
② 연료 주입구에 키 홈이 있는 차량은 키를 꽂아 잠금 해제시킨 후 연료주입구 커버를 연다.
③ 연료 주입 후에는 연료주입구 커버를 닫고 가볍게 눌러 원위치시킨 후 확실하게 닫혔는지 확인한다.
④ 일반적으로 연료주입구에 키 홈이 있는 차량은 연료주입구 커버를 잠글 때 키를 이용하여야 잠글 수 있다.

해설 연료주입구 캡은 시계 반대방향으로 돌려야 열리거나 분리된다.

문제 26 자동차의 좌석에서 등받이 맨 위쪽의 머리를 받치는 부분의 역할을 하는 것은?

① 조향컬럼
② 헤드레스트
③ 선바이저
④ 운전석 등받이

해설 헤드레스트(Headrest)는 머리를 받친다는 의미를 가진 단어로 머리지지대라고 한다.

문제 27 히터 사용 중 발열, 저온 및 화상 등의 위험이 발생할 수 있는 승객이 아닌 것은?

① 신체가 건강하거나 기타 질병이 없는 승객
② 피부가 연약한 승객
③ 피로가 누적된 승객(과로)
④ 술을 많이 마신 승객(과음)

해설 신체 건강하고 질병이 없는 승객은 상대적으로 위험 발생 가능성이 적다.

정답 25 ① 26 ② 27 ①

PART 01 이론 및 문제해설

문제 28 다음은 안전벨트 착용방법에 대한 설명이다. 가장 적절한 방법은?

① 안전벨트의 보호효과 증대를 위해 별도의 보조장치를 장착한다.
② 어깨벨트는 어깨 위와 목 부위를 지나도록 한다.
③ 허리벨트는 복부 부위를 지나도록 한다.
④ 허리벨트는 골반 위를 지나 엉덩이 부위를 지나도록 한다.

해설 허리벨트는 골반 위를 지나 엉덩이 부위를 지나야 한다.

문제 29 자동차 계기판 용어에 대한 설명으로 틀린 것은?

① 적산거리계 : 자동차가 주행한 총 거리를 나타낸다.
② 회전계 : 바퀴의 시간당 회전수를 나타낸다.
③ 속도계 : 자동차의 시간당 주행속도를 나타낸다.
④ 전압계 : 배터리의 충전 및 방전상태를 나타낸다.

해설 회전계는 엔진의 분당 회전수(RPM:Revolution per minute)를 나타낸다.

문제 30 배터리의 충전 및 방전 상태를 나타내는 계기장치는?

① 수온계　　　　　　　　　　② 연료계
③ 전압계　　　　　　　　　　④ 엔진오일압력계

해설 배터리의 충전이나 방전 상태를 보여주는 것은 전압계이다.

문제 31 자동차 계기판에서 연료탱크에 남아 있는 연료의 잔류량을 나타내는 것은?

① 전압계　　② 연료계　　③ 충전계　　④ 급유계

해설 연료탱크에 남아 있는 연료의 잔류량은 연료계에서 나타낸다. 동절기에는 연료를 가급적 충만한 상태로 유지하는 것이 좋은데, 이는 연료 탱크 내부의 수분침투를 방지하는 데 효과적이기 때문이다.

정답　28 ④　29 ②　30 ③　31 ②

문제 32 배기 브레이크 스위치를 작동시키면 계기판에 나타나는 표시등은?

① 배기 브레이크 표시등
② 제이크 브레이크 표시등
③ 브레이크 에어 경고등
④ 주차 브레이크 경고등

해설 배기 브레이크 스위치를 작동시키면 배기 브레이크 표시등에 불이 들어온다.

문제 33 자동차 계기판의 경고등에 해당되지 않는 것은?

① 주행빔(상향등) 작동 표시등
② 상황등 작동 경고등
③ 안전벨트 미착용 경고등
④ 연료잔량 경고등

해설 상황등 작동 경고등은 없다.

문제 34 전조등 스위치 1단계에서 점등되지 않는 등화는 무엇인가?

① 번호판등
② 차폭등
③ 전조등
④ 미등

해설 전조등은 1단계가 아닌 2단계에서 점등된다.

문제 35 전조등 사용 시기에 대한 설명 중 틀린 것은?

① 마주 오는 자동차가 있거나 앞 자동차를 따라갈 경우는 하향등을 켠다.
② 야간운행 시 마주 오는 자동차가 없을 때 시야 확보를 원하는 경우 상향등을 켠다.
③ 다른 자동차의 주의를 환기시킬 경우 전조등을 2~3회 정도 상향 점멸한다.
④ 운전자의 시야 확보를 위하여 항상 상향등을 켜고 운행한다.

해설 상향 전조등은 상대방 운전자에 현혹현상을 발생시키므로 항상 상향으로 조작해서는 안 되고 필요한 경우에만 사용하여야 한다.

정답 32 ① 33 ② 34 ③ 35 ④

문제 36 **와셔액 탱크가 비어 있을 경우에 와이퍼를 작동시키면 어떤 문제가 발생할 수 있는가?**

① 시야를 가릴 수 있다.
② 와이퍼 링크가 이탈될 수 있다.
③ 유리창 균열이 발생할 수 있다.
④ 와이퍼 모터가 손상될 수 있다.

해설 와셔액 탱크가 비어 있을 경우에 와이퍼를 작동시키면 와이퍼 모터가 손상될 수 있다.

문제 37 **다음은 자동차 스위치에 대한 설명이다. 잘못된 것은?**

① 야간에 맞은편 도로로 주행 중인 차량을 발견하면 상향등을 하향등으로 신속하게 전환하여야 한다.
② 와셔액 탱크가 비어 있거나 유리창이 건조할 때 와이퍼 작동을 금지한다.
③ 방향지시등이 평상시보다 빠르게 작동하면 방향지시등 작동 스위치를 교환해야 한다.
④ 차폭등, 미등, 번호판등, 계기판등, 전조등은 스위치 2단계에서 점등된다.

해설 방향지시등이 평상시보다 빠르게 작동하면 방향지시등의 전구가 끊어진 경우이므로 교환하여야 한다.

문제 38 **엔진 오버히트가 발생할 때의 안전조치 요령이 아닌 것은?**

① 여름에는 에어컨, 겨울에는 히터의 작동을 중지시킨다.
② 엔진이 과열되어 냉각수가 부족한 경우 차가운 냉각수를 공급한다.
③ 엔진이 작동하는 상태에서 보닛(Bonnet)을 열어 엔진을 냉각시킨다.
④ 엔진을 충분히 냉각시킨 다음에는 냉각수의 양 점검, 라디에이터 호스 연결부위 등의 누수 여부 등을 확인한다.

해설 냉각수 부족으로 엔진이 과열되었을 경우에 급하게 차가운 냉각수를 공급하면 엔진에 균열이 발생할 수 있다.

정답 36 ④ 37 ③ 38 ②

2. 자동차 관리요령

문제 39 풋 브레이크가 작동하지 않는 경우 응급조치 요령으로 가장 적합한 것은?

① 고단 기어에서 저단 기어로 한 단씩 줄여 감속한 뒤에 주차 브레이크를 이용하여 정지한다.
② 주행 중 시동을 끄고 주차브레이크를 이용하여 정지다.
③ 기어를 중립에 넣고 관성주행하여 정지할 때까지 주행한다.
④ 저단 기어에서 고단 기어로 한 단씩 올려서 시동이 꺼지면 주차브레이크를 이용하여 정지한다.

해설 풋 브레이크가 작동하지 않는 경우 고단 기어에서 저단 기어로 한 단씩 줄여 감속한 뒤에 주차 브레이크를 이용하여 정지한다.

문제 40 자동차의 견인에 필요한 경우의 응급조치요령 중 올바르지 않은 것은?

① 구동되는 바퀴를 들어 올려 견인되도록 한다.
② 고속도로에서는 일반자동차에 의한 견인이 금지되어 있다.
③ 일반자동차로 견인할 경우 견인 로프는 7m 이내로 한다.
④ 견인되기 전에 주차브레이크를 해제한 후 변속레버를 중립(N)에 놓는다.

해설 일반자동차로 견인할 경우 견인 로프는 5m 이내로 하고, 로프 중간에는 넓이 30cm 이상의 흰 천을 묶어 식별이 용이하도록 한다.

문제 41 시동모터가 작동되지 않거나 천천히 회전하는 경우에 해당되지 않는 것은?

① 배터리가 방전되었다.
② 점화플러그가 마모되었다.
③ 배터리 단자의 부식 현상이 있다.
④ 접지 케이블이 이완되어 있다.

해설 점화플러그의 마모는 모터작동과 관련이 없다.

정답 39 ① 40 ③ 41 ②

PART 01 이론 및 문제해설

문제 42 핸들이 무거워지는 원인은?
① 연료누출이 있다. ② 클러치가 미끄러진다.
③ 파워스티어링 오일이 부족하다. ④ 에어클리너 필터가 오염되었다.

해설 핸들이 무거운 경우는 앞바퀴의 공기압이 부족하거나 파워스티어링 오일이 부족한 경우이다.

문제 43 브레이크가 편제동되는 경우 추정할 수 있는 원인이 아닌 것은?
① 좌·우 타이어 공기압이 다르다.
② 타이어가 편마모되어 있다.
③ 라이닝 마모상태가 심하다.
④ 좌·우 라이닝 간극이 다르다.

해설 라이닝 마모상태가 심한 경우는 브레이크 제동효과 자체가 나빠진다.

문제 44 브레이크 제동효과가 나쁜 경우 추정할 수 있는 원인이 아닌 것은?
① 공기압이 과다하다.
② 공기누설(타이어의 공기가 빠져나가는 현상)이 있다.
③ 좌, 우 라이닝 간극이 다르다.
④ 타이어 마모가 심하다.

해설 좌, 우 라이닝 간극이 다른 경우는 브레이크가 편제동되는 경우이다.

문제 45 자동차의 동력발생장치에서 발생한 동력을 주행상황에 맞는 적절한 상태로 변화를 주어 바퀴에 전달하는 장치를 무엇이라 하는가?
① 동력이동장치 ② 동력전달장치
③ 동력차단장치 ④ 동력순환장치

해설 동력전달장치의 정의를 묻는 문제이다.

정답 42 ③ 43 ③ 44 ③ 45 ②

문제 46 자동변속기의 장점이 아닌 것은?

① 가격이 비싸고 구조가 복잡하다.
② 조작 미숙으로 인해 시동이 꺼질 우려가 없다.
③ 기어변속이 자동으로 이루어져 운전이 편하다.
④ 발진과 가·감속이 원활하여 승차감이 좋다.

해설 가격이 비싸고 구조가 복잡한 것은 단점이다.

문제 47 자동변속기 오일에 수분이 다량으로 유입된 경우 오일의 색깔은?

① 백색
② 붉은색
③ 갈색
④ 검은색

해설
- **투명도가 높은 붉은 색**: 정상인 경우
- **갈색**: 가혹한 상태에서 사용되거나, 장시간 사용한 경우
- **검은색**: 자동변속기 내부의 클러치 디스크의 마멸분말에 의한 오손, 기어가 마멸된 경우

문제 48 레이디얼 타이어의 특성이 아닌 것은?

① 접지면적이 크다.
② 회전할 때에 구심력이 좋다.
③ 충격을 흡수하는 성능이 좋아 승차감이 좋다.
④ 고속으로 주행할 때에는 안정성이 크다.

해설 레이디얼 타이어는 충격을 흡수하는 강도가 적어 승차감이 좋지 않다.

정답 46 ① 47 ① 48 ③

문제 49 주행 중 비틀림 혹은 흔들림이 발생하거나 커브길에서 휘청거리는 느낌이 드는 경우 예측할 수 있는 고장 부분은?

① 현가장치 ② 브레이크 ③ 바퀴 ④ 조향장치

해설 바퀴 부분에 이상이 있는 경우 주행중 하체 부분에서 비틀거리는 흔들림이 일어나는 때가 있고, 특히 커브를 돌았을 때 휘청거리는 느낌이 난다. 원인은 바퀴의 휠 너트의 이완이나 공기부족이다.

문제 50 다음 중 현가장치의 주요기능에 해당되지 않는 것은?

① 노면에서 받는 충격을 완화시킨다.
② 일정한 자동차의 높이를 유지한다.
③ 가볍고 원활한 조향조작을 가능하게 한다.
④ 올바른 휠 얼라인먼트를 유지한다.

해설 가볍고 원활한 조향조작을 가능하게 하는 것은 동력조향장치이다.

문제 51 스프링의 종류에 해당되지 않는 것은?

① 판 스프링 ② 코일 스프링
③ 토션바 스프링 ④ 압력 스프링

해설 스프링에는 판, 코일, 토션바, 공기스프링이 있다.

문제 52 완충(현가)장치인 스프링 중 코일 스프링에 대한 설명 중 틀린 것은?

① 판 스프링과 같이 판 간 마찰이 없어 진동에 대한 감쇠작용을 못한다.
② 단위중량당 에너지 흡수율이 판 스프링보다 작고 유연하여 승용차에 많이 사용된다.
③ 옆 방향 작용력에 대한 저항력이 없다.
④ 차축을 지지할 때는 링크기구나 쇽업쇼버를 필요로 하므로 구조가 복잡하다.

해설 코일 스프링은 단위중량당 에너지 흡수율이 판 스프링보다 크다.

정답 49 ③ 50 ③ 51 ④ 52 ②

2. 자동차 관리요령

문제 53 버스나 화물차에 주로 사용하는 스프링은?

① 공기 스프링　　　② 판 스프링
③ 코일 스프링　　　④ 토션바 스프링

해설 판 스프링은 내구성이 크고 진동의 억제작용이 큰 대신 작은 진동은 흡수가 곤란한 특성이 있어 버스나 화물차에 주로 사용한다.

문제 54 자동차의 진행방향을 운전자가 의도하는 바에 따라 조작할 수 있게 하는 장치는?

① 현가장치　　　② 조향장치
③ 동력전달장치　　　④ 제동장치

해설
- **현가장치** : 충격을 흡수하는 장치
- **동력전달장치** : 동력발생장치에서 발생된 동력을 바퀴에 전달하는 장치
- **제동장치** : 차량의 속도를 감속하거나 정지시키고, 정지상태를 유지할 수 있게 하는 장치

문제 55 자동차 조향장치가 갖추어야 할 구비조건에 해당되지 않는 것은?

① 조향 핸들의 회전과 바퀴의 선회 차이가 커야 한다.
② 조향 조작이 주행 중의 충격에 영향을 받지 않아야 한다.
③ 조작이 쉽고, 방향 전환이 원활하게 이루어져야 한다.
④ 수명이 길고 정비하기 쉬워야 한다.

해설 조향 핸들의 회전과 바퀴의 선회 차이가 크지 않아야 한다.

문제 56 휠 얼라인먼트 항목에 해당하지 않는 것은?

① 바운싱　　　② 캠버
③ 캐스터　　　④ 킹핀

해설 휠 얼라인먼트에는 캠버, 캐스터, 토인, 조향축(킹핀), 경사각 등이 있다.

정답 53 ② 54 ② 55 ① 56 ①

문제 57 **다음 중 자동차 조향 장치인 토인(Toe-In)에 대한 설명으로 틀린 것은?**

① 앞방향으로 미끄러지는 것을 방지한다.
② 앞바퀴를 평행하게 회전시킨다.
③ 타이어의 마멸을 방지한다.
④ 조향 링키지의 마멸에 의해 토아웃(Toe-Out)되는 것을 방지한다.

해설 토인은 앞바퀴가 옆방향으로 미끄러지는 것을 방지한다.

문제 58 **자동차의 안전운행을 위해서는 휠 얼라인먼트(차륜 정렬)가 중요하다. 휠 얼라인먼트가 필요한 경우로 틀린 것은?**

① 타이어를 교환한 경우
② 핸들의 중심이 어긋난 경우
③ 자동차에서 롤링(좌·우진동)이 발생한 경우
④ 제동 시 자동차가 밀리는 경우

해설 제동 시 자동차가 밀리는 현상은 휠 얼라인먼트와는 무관하다. (브레이크 시스템과 관련)

문제 59 **다음 중 공기식 브레이크의 부품이 아닌 것은?**

① 진공펌프
② 브레이크 챔버
③ 브레이크 밸브
④ 공기 압축기

해설 **공기식 브레이크의 구성**
공기 압축기, 공기탱크, 브레이크 밸브, 릴레이 밸브, 퀵릴리스 벨브, 체크밸브, 브레이크 챔버, 저압표시기

정답 57 ① 58 ④ 59 ①

2. 자동차 관리요령

문제 60 공기식 브레이크의 구성품 중 공기 탱크 내의 압력이 규정 값이 되었을 때 밸브를 닫아 탱크 내의 공기가 새지 않도록 하는 것은?

① 브레이크 밸브
② 릴레이 밸브
③ 체크 밸브
④ 퀵 릴리스 밸브

해설 밸브를 닫아 탱크 내의 공기가 새지 않도록 하는 것은 체크 밸브이다.

문제 61 엔진으로 공기압축기를 구동하여 발생한 압축공기를 동력원으로 사용하는 방식의 브레이크는?

① ABS
② 제이크 브레이크
③ 리타더 브레이크
④ 공기식 브레이크

해설 공기식 브레이크는 엔진으로 공기압축기를 구동하여 발생한 압축공기를 동력원으로 사용하는 방식으로 버스나 트럭 등 대형 차량에 주로 사용한다.

문제 62 자동차가 고속 대형화됨에 따라 주 브레이크를 계속 사용하면 베이퍼 록이나 페이드 현상이 발생할 가능성이 높아지므로 감속(보조) 브레이크를 적절히 사용할 필요가 있다. 감속 브레이크에 해당하는 것은?

① 풋 브레이크
② 배기 브레이크
③ 주차 브레이크
④ 드럼 브레이크

해설 감속 브레이크는 제3의 브레이크라고도 하며, 엔진·제이크·배기·리타더 브레이크가 있다.

문제 63 자동차 검사의 필요성이 아닌 것은?

① 자동차 결함으로 인한 교통사고 사상자 사전 예방
② 자동차 배출가스로 인한 대기오염 최소화
③ 자동차세 납부 여부를 확인하여 정부 재원 확보
④ 자동차보험 미가입 자동차의 교통사고로부터 국민피해 예방

해설 정부 재원을 확보하기 위해 자동차 검사를 하는 것은 아니다.

정답 60 ③ 61 ④ 62 ② 63 ③

문제 64 사업용 자동차의 차령을 연장하고자 할 때 시행하는 검사 종류는?

① 불시검사
② 임시검사
③ 튜닝검사
④ 신규검사

해설 임시검사는 불법개조 또는 불법정비 등에 대한 안전성을 확보하거나, 사업용 자동차의 차령을 연장하거나, 자동차 소유자의 신청을 받아 시행하는 검사이다.

문제 65 자동차관리법에 따른 자동차 신규검사 신청서류가 아닌 것은?

① 자동차등록증
② 차량제원표
③ 출처증명서
④ 신규검사신청서

해설 자동차 등록증은 신규등록이 완료된 경우에 발급된다.

문제 66 여객자동차 운수사업법에 의하여 면허, 등록, 인가 또는 신고가 실효되거나 취소되어 말소된 자동차를 다시 등록하고자 하는 경우 신청하는 자동차 검사 종류는?

① 재검사
② 정기검사
③ 수시검사
④ 신규검사

해설 신규검사는 수입자동차, 일시말소 후 재등록하고자 하는 자동차 등의 등록을 할 때 받는 검사이다.

문제 67 책임보험이나 책임공제에 미가입한 1대의 자동차에 부과할 과태료의 최고 한도 금액은?

① 10만 원
② 100만 원
③ 200만 원
④ 300만 원

해설 가입하지 아니한 기간이 10일 이내인 경우 3만 원, 10일 초과 시 1일마다 8천 원씩 가산되며, 최고 100만 원까지 부과된다.

정답 64 ② 65 ① 66 ④ 67 ②

문제 68 책임보험이나 책임공제에 미가입한 경우 가입하지 아니한 기간이 10일 이내이면 과태료 금액은 얼마인가?

① 1만 원
② 3만 원
③ 5만 원
④ 7만 원

해설 가입하지 아니한 기간이 10일 이내인 경우 3만 원, 10일 초과 시 1일마다 8천 원씩 가산되며, 최고 100만 원까지 부과된다.

문제 69 책임보험이나 책임공제에 미가입한 날이 15일 된 1대의 자동차에 부과할 과태료 금액은?

① 5만 원
② 6만5천 원
③ 7만 원
④ 8만5천 원

해설 가입하지 아니한 기간이 10일을 초과했으므로 3만 원에 11일째부터 1일마다 8천 원을 가산하므로 15일이 된 1대의 자동차에는 3만+(8천 원×5일) = 7만 원의 과태료가 부과된다.

정답 68 ② 69 ③

3. 안전운행요령

01. **인간 요인에 의한 연쇄과정**
- 아내와 싸웠다.
- 출근이 늦어졌다.
- 초조하게 운전을 한다.
- 과속으로 운전을 한다.
- 전방 커브에 느린 차를 미처 발견하지 못한다.

02. **환경요인에 의한 연쇄과정**
- 비가 오고 있다.
- 젖은 도로
- 도로의 마찰계수 저하

03. 교통사고의 위험 요인은 교통의 구성요인인 인간, 도로환경 그리고 차량의 측면으로 구분할 수 있다.

04. 교차로에서 발생하는 신호위반 사고요인에는 조급함, 좌·우 관찰 결여, 신호에 대한 자의적 해석 등이 있다.

05. 눈, 빗길에서는 미끄럼이 발생하여 제동거리가 길어지므로 사고 가능성이 높아진다. 따라서 눈, 빗길에서 노면에 대한 관찰 및 주의가 결여되면 사고로 이어질 확률이 높아진다.

06. 버스 운전자는 주의의 부담이 매우 크고, 다양한 상황에 대처함과 동시에 승객의 안전을 책임지며 만족도를 높여야 하기 때문에 10만km 이상의 주행경험을 필요로 한다.

07. 운전 중의 위험사태 판단과 관련된 능력은 개인차가 있지만 대체로 운전경험과 밀접한 관계를 갖는다.

08. 초보운전자는 주관적 안전과 객관적 안전을 균형적으로 인식하지 못해서 위험도가 높다.

3. 안전운행요령

09. 실제의 위험을 그대로 평가하는 사람이 객관적 안전인식이 높다고 할 수 있다.

10. 운전하는 동안 운전자가 내리는 결정의 90%는 눈을 통해 얻은 정보에 기초한다.

11. 제1종 운전면허의 시력 기준은 두 눈을 동시에 뜨고 잰 시력이 0.8 이상이고, 각각의 시력이 0.5 이상이어야 한다.

12. **정지시력** : 일정 거리에서 일정한 시표를 보고 모양을 확인할 수 있는지를 가지고 측정하는 시력

13. **운전 중 피로를 푸는 법**
- 차 안은 약간 시원한 상태로 유지한다.
- 햇빛이 강할 때는 선글라스를 쓴다.
- 정기적으로 차를 세우고 차에서 나와 가벼운 체조를 한다.
- 차 안에는 항상 신선한 공기가 충분히 유입되도록 한다.

14. 과로에 의해 주의력이 저하된 경우에는 교통표지를 간과하거나, 보행자를 알아보지 못한다.

15. 혈중알코올 농도에는 음주량, 사람의 체중, 성별, 위 내 음식물의 종류, 음주 후 측정 시간 등이 영향을 미친다.

16. 고혈압 치료제로 쓰이며, 일반인이 매입·복용할 수 있는 약물은 진정제이다.

17. 횡단보도 부근으로 보행자가 횡단하고 있을 때 가장 올바른 운전 방법은 보행자의 통행을 방해하지 않도록 정지했다가 통과하는 것이다.

18. 대부분의 보행자들은 차가 정지하는 데 필요한 거리를 잘 알지 못한다.

19. 대형차 근접 운전이 위험한 이유는 시야 제약으로 인해 대처행동을 준비할 반응시간을 갖지 못하기 때문이다.

20. **대형자동차의 특성**
- 운전자들이 볼 수 없는 곳(사각)이 늘어난다.
- 정지하는 데 더 많은 시간이 걸린다.
- 움직이는 데 점유하는 공간이 많다.
- 다른 차를 앞지르는 데 걸리는 시간도 더 길어진다.

21. **원심력** : 차가 길모퉁이나 커브를 돌 때 차로나 도로를 벗어나려는 힘

22. **모닝 록(Morning Lock) 현상** : 비가 자주 오거나 습도가 높은 날 또는 오랜 시간 주차한 후에 브레이크 드럼에 미세한 녹이 발생하여 마찰계수가 높아져 평소보다 브레이크가 지나치게 예민하게 작동하는 현상을 말한다.

23. **내륜차** : 앞바퀴의 안쪽과 뒷바퀴의 안쪽 궤적 간의 차이
    외륜차 : 앞바퀴의 바깥쪽과 뒷바퀴의 바깥쪽 궤적 간의 차이

24. 타이어 마모에 영향을 주는 요인으로는 무거운 하중, 빠른 속도, 급커브, 잦은 브레이크, 거친 노면, 정비불량, 높은 기온, 운전습관, 트레드 패턴 등이 있다. 저속으로 주행하면 고속주행에 비해 상대적으로 타이어가 보호된다.

25. **제동시간** : 자동차가 제동을 시작하여 완전히 정지하기 전까지의 시간

26. **차로의 정의**
    - **회전차로** : 자동차가 우회전, 좌회전 또는 유턴을 할 수 있도록 직진하는 차로와 분리하여 설치하는 차로
    - **앞지르기차로** : 저속 자동차로 인한 뒷 차의 속도 감소를 방지하고, 반대차로를 이용한 앞지르기가 불가능할 경우 원활한 소통을 위해 도로 중앙 측에 설치하는 고속 자동차의 주행차로를 말한다.
    - **가변차로** : 방향별 교통량이 특정시간대에 현저하게 차이가 발생하는 도로에서 교통량이 많은 쪽으로 차로수가 확대될 수 있도록 신호기에 의하여 차로의 진행방향을 지시하는 차로를 말한다.

27. **교통약자** : 장애인, 임산부, 고령자, 영유아 동반자, 어린이 등 생활함에 있어 이동에 불편함을 느끼는 사람들을 말한다.

28. **편경사** : 평면곡선부에서 자동차가 원심력에 저항할 수 있도록 하기 위하여 설치하는 횡단경사

29. 곡선부 등에서는 차량의 이탈사고를 방지하기 위해 방호울타리를 설치할 수 있으며, 기능은 운전자의 시선 유도, 탑승자의 상해 및 자동차의 파손 감소, 자동차를 정상적인 진행방향으로 복귀, 자동차의 차도 이탈방지다.

30. 종단경사라 함은 오르막과 내리막의 정도를 말하는 것으로 종단경사가 크다면 경사가 심하다는 것을 의미한다. 경사가 심하게 되면 차량의 통제력이 그만큼 떨어지게 되고, 통제력이 떨어지는 만큼 사고위험성이 증가하게 된다. 따라서 사고율은 평지나 오르막보다 내리막에서 높게 나타난다.

31. 길어깨는 도로를 보호하고 비상시에 이용하기 위하여 차도와 연결하여 설치하는 도로의 부분으로 갓길이라고도 한다.

32. **포장된 길어깨(갓길)의 장점**
    - 차도 끝의 처짐이나 이탈을 방지한다.
    - 물의 흐름으로 인한 노면 패임을 방지한다.
    - 긴급자동차의 주행을 원활하게 한다.
    - 보도가 없는 도로에서는 보행의 편의를 제공한다.

33. 교량 접근도로의 폭에 비해 교량의 폭이 좁으면 사고 위험이 증가한다.

34. **회전교차로**
    회전교차로는 회전차로를 우선으로 하는 신교통운영기법으로, 교차로 유지비용이 적게 들고 교통사고를 줄일 수 있으며 미관 향상을 기대할 수 있는 교차로 설계 및 운영기법이다. 회전교차로의 설치만으로 교통량을 줄일 수는 없다.
    회전교차로는 일반적으로 사고빈도가 낮아 교통안전 수준을 향상시키는 특징이 있다. 회전교차로 진입 시에는 충분히 속도를 줄인 후 진입하여야 한다.

35. 주간 또는 야간에 운전자의 시선을 유도하기 위해 설치된 안전시설로 시선 유도 표지, 갈매기 표지, 표지병 등이 있다.

36. **충격흡수시설** : 주행 차로를 벗어난 차량이 도로상의 구조물 등과 충돌하기 전에 자동차의 충격에너지를 흡수하여 정지하도록 하는 시설로 주로 교각이나 교대, 지하차도의 기둥 등에 설치하는 시설

37. **버스정류장(Bus Bay)** : 본선에서 분리하여 설치된 띠 모양의 공간
    버스정류소(Bus Stop) : 본선의 오른쪽 차로를 그대로 이용하는 공간
    ※ 교차로 통과 전에 정류소가 있으면 우회전하려는 자동차와 정차하고 있는 버스 간에 간섭이 발생하게 된다.
    ※ 정류소에서 정차 후 출발할 때에는 자동차 문을 완전히 닫은 상태에서 방향지시등을 작동시켜 도로주행 의사를 표시한 후 출발한다.

38. 휴게시설은 규모에 따라 일반, 간이, 화물차 전용, 쉼터(소규모) 휴게소로 나뉜다.

39. 운전의 위험을 다루는 효율적인 정보처리 방법은 확인→예측→판단→실행의 과정을 따르는 것이다.

40. 운전 시 시선은 좌우로 움직이면서 넓은 시야각을 확보해야 한다.
    ※ 운전 중에는 전방 멀리 본다.

41. **주의의 고착** : 선택적 주시과정에서 어느 한 물체에 시선을 뺏겨 오래 머무는 현상

42. 예측회피반응집단은 위험을 견디기 힘들어한다.

43. 시야 고정이 많은 운전자는 위험에 대응하기 위해 경적이나 전조등을 좀처럼 사용하지 않는다. 위험 자체에 대한 인지가 부족하기 때문이다.

44. 회전을 하거나 차로 변경을 할 경우에 다른 사람이 미리 알 수 있도록 신호를 보내야 한다.

45. 뒷차가 바짝 붙어 오는 상황에서는 가능하면 뒷차가 지나갈 수 있게 차로를 변경한다.

46. 신호를 예측하는 행위는 안전한 운전습관이 아니다.

47. **비상주차대가 설치되는 장소**
    - 고속도로에서 길어깨 폭이 2.5m 미만으로 설치되는 경우
    - 길어깨를 축소하여 건설되는 긴 교량의 경우
    - 긴 터널의 경우 등

48. **뒷바퀴의 바람이 빠졌을 때의 대처방법** : 차가 한쪽으로 미끄러지는 것을 느껴 핸들 방향을 미끄러지는 방향으로 돌려주어 대처한다.

49. 방어운전의 전제는 교통사고의 90% 이상은 사실상 운전자가 당시에 합리적으로 행동했다면 예방 가능했던 사고라는 것이다.

50. 빌딩이나 주차장 등의 입구나 출구에서는 반드시 서행하거나 일시정지하여 안전을 확인한 후 통과하여야 한다.

51. 좌우좌 규칙은 교차로에 접근하면서 먼저 왼쪽과 오른쪽을 살펴 교차 방향 차량을 관찰한다. 동시에 오른발은 브레이크 페달 위에 놓고 밟을 준비를 한다. 그 다음에는 다시 왼쪽을 살핀다.

52. 버스의 좌우회전 시에 주변에 있는 물체와 접촉할 가능성이 높아지는 것은 내륜차가 승용차에 비해 훨씬 크기 때문이다.

53. 지방도에서의 시인성 확보를 위해서는 문제를 야기할 수 있는 전방 12~15초의 상황을 확인한다. 거기까지 볼 수 없다면 시야가 트일 때까지 속도를 줄이고 제동준비를 해야 한다.

54. 회전 시, 차를 길가로 붙일 때, 앞지르기를 할 때 자신의 의도를 신호로 나타내는 것은 잘보이게 하는, 즉 시인성 다루기 전략에 해당한다.

55. 급커브길 등에서의 앞지르기는 대부분 규제표지 및 노면표시 등 안전표지로 금지하고 있으나, 금지표지가 없다고 하더라도 전방의 안전이 확인 안 되는 경우에는 절대 하지 않는다.

56. 오르막길에서 앞지르기할 때에는 가속력이 좋은 저단 기어를 사용하는 것이 보다 안전하다.

57. 다른 차량과의 합류 시, 차로변경 시, 진입차선을 통해 고속도로로 들어갈 때에는 적어도 4초의 간격을 허용하도록 한다.

58. 진입을 위한 가속차로 끝부분에서 감속하지 않도록 주의한다.

59. **앞지르기**
앞지르기라 함은 앞지르기하려는 차가 앞지르기 당하는 차의 좌측 전방으로 나아가는 것을 의미한다.
앞차가 좌측으로 진로를 바꾸려고 하거나 다른 차를 앞지르려고 할 때는 앞지르기를 해서는 안 된다.
앞차와의 간격을 좁혀 앞지르기 시도를 막으면 충돌위험이 급격히 증가하게 된다.

60. 선글라스는 햇빛이 강하여 눈부심 상태가 오래 지속되는 경우에만 선택적으로 착용한다.

61. **증발현상** : 야간에 대향차의 전조등 눈부심으로 인해 순간적으로 보행자를 잘 볼 수 없게 되는 현상으로 보행자가 교차하는 차량의 불빛 중간에 있게 되면 운전자가 순간적으로 보행자를 전혀 보지 못하는 현상

62. 야간에 식별이 가장 곤란한 보행자는 흑색 등 어두운 옷을 입은 보행자이다.

63. **경제운전의 효과**
    - 고장수리 및 유지관리작업 등 시간손실 감소효과
    - 공해배출 등 환경문제의 감소효과
    - 차량관리, 고장수리, 타이어 교체 등 비용 감소효과

64. 적정 공회전 시간은 여름에는 20~30초, 겨울은 1~2분 정도이다.

65. 진로변경 후에는 방향지시등을 소등하여 후방 운전자의 혼란을 방지하여야 한다.

66. 해안 근처는 염기가 강하여 차량 하부의 금속이 부식될 수 있으므로 반드시 세차를 통해 소금기를 제거하여야 한다.

67. 와이퍼 작동상태의 점검을 위해서는 워셔액이 충분한지 점검해야 한다.

68. 습기를 제거할 때에는 배터리를 반드시 분리한 상태에서 실시한다.

69. 춘곤증은 봄철에 나타나는 현상이다.

70. 날씨가 추워지면 집중력이 저하되어 안전한 보행을 위해 보행자가 확인하고 통행하여야 할 사항을 소홀히 하거나 생략하여 사고에 직면하기 쉽다.

3. 안전운행요령

문제 01 교통사고 요인의 가설적 연쇄과정 중 인간요인에 의한 연쇄과정과 거리가 먼 것은?

① 출근이 늦어졌다.
② 과속으로 운전을 한다.
③ 초조하게 운전을 한다.
④ 비가 오고 있다.

해설 비가 오는 것은 환경요인이다.
인간 요인에 의한 연쇄과정은 다음과 같은 예를 들 수 있다.
- 아내와 싸웠다.
- 출근이 늦어졌다.
- 초조하게 운전을 한다.
- 과속으로 운전을 한다.
- 전방 커브에 느린 차를 미처 발견하지 못한다.

문제 02 교통사고의 구성요인에 포함되지 않는 것은?

① 인간
② 도로환경
③ 차량
④ 경제

해설 교통사고의 위험 요인은 교통의 구성요인인 인간, 도로환경 그리고 차량의 측면으로 구분할 수 있다.

문제 03 교통사고요인의 복합적 연쇄과정 중 환경요인에 의한 연쇄과정에 속하는 것은?

① 초조하게 운전을 한다.
② 과속으로 운전을 한다.
③ 브레이크 제동력의 약화
④ 도로의 마찰계수의 저하

해설 환경요인에 의한 연쇄과정으로 비가 오고 있다 - 젖은 도로 - 도로의 마찰계수 저하를 예로 들 수 있다.

정답 01 ④ 02 ④ 03 ④

PART 01 이론 및 문제해설

문제 04 교차로 신호위반 사고요인과 관계가 먼 것은?

① 조급함에 따른 급출발
② 황색신호에 대한 자의적 해석
③ 녹색신호에 따른 교차로 진입
④ 신호 변경 시 무리한 진입

해설 녹색신호에서 교차로에 진입하는 것은 적법한 운전방법이다.
교차로에서 발생하는 신호위반 사고요인에는 조급함, 좌우 관찰 결여, 신호에 대한 자의적 해석 등이 있다.

문제 05 도로 노면에 대한 관찰 및 주의의 결여와 가장 관계가 많은 교통사고 유형은?

① 진로변경 중 접촉사고
② 교차로 신호위반 사고
③ 눈, 빗길 미끄러짐 사고
④ 횡단 보행자 통과의 사고

해설 눈, 빗길에서는 미끄럼이 발생하여 제동거리가 길어지므로 사고 가능성이 높아진다. 따라서 눈, 빗길에서 노면에 대한 관찰 및 주의가 결여되면 사고로 이어질 확률이 높아진다.

문제 06 버스 운전자로서의 기본 자세 중 승용차와 차별되는 버스의 운전특성과 거리가 먼 것은?

① 주의의 부담이 크다.
② 5만km 정도의 주행경험만 되면 충분하다.
③ 승객의 안전을 책임진다.
④ 서비스 만족도를 높여야 한다.

해설 버스 운전자는 주의의 부담이 매우 크고, 다양한 상황에 대처함과 동시에 승객의 안전을 책임지며 만족도를 높여야 하기 때문에 10만km 이상의 주행경험을 필요로 한다.

정답 04 ③ 05 ③ 06 ②

3. 안전운행요령

문제 07 운전 중의 위험사태 판단과 관련된 능력은 개인차가 있지만 대체로 무엇과 밀접한 관계를 갖는가?

① 지식 정도 ② 체력 정도 ③ 운전경험 ④ 최종학력

해설 운전 중의 위험사태 판단과 관련된 능력은 개인차가 있지만 대체로 운전경험과 밀접한 관계를 갖는다.

문제 08 초보운전자가 인식하는 안전에 대한 설명과 거리가 먼 것은?

① 주관적 안전을 객관적 안전보다 낮게 인식
② 운전에 대한 자신감을 갖게 되면 오히려 주관적 안전을 객관적 안전보다 크게 자각
③ 주관적 안전과 객관적 안전을 균형적으로 인식
④ 주관적 안전을 객관적 안전보다 높게 인식할 때 위험이 증가

해설 초보운전자는 주관적 안전과 객관적 안전을 균형적으로 인식하지 못해서 위험도가 높다.

문제 09 차의 운행 시 객관적 안전인식이 높은 사람은 어떤 사람인가?

① 자기 운전능력을 과대 평가하는 사람
② 자기 운전능력을 과소 평가하는 사람
③ 위험사태를 과대 평가하는 사람
④ 실제의 위험을 그대로 평가하는 사람

해설 객관적 안전은 말 그대로 객관적으로 인정되는 안전이다. 실제의 위험을 그대로 평가하는 사람이 객관적 안전인식이 높다고 할 수 있다.

문제 10 운전자가 운전 중 눈을 통해 얻은 운전 관련 정보의 비율은 어느 정도나 되는가?

① 100% ② 90% ③ 80% ④ 70%

해설 운전하는 동안 운전자가 내리는 결정의 90%는 눈을 통해 얻은 정보에 기초한다.

정답 07 ③ 08 ③ 09 ④ 10 ②

문제 11 도로교통법령상 제1종 운전면허의 시력 기준은?

① 두 눈을 동시에 뜨고 잰 시력이 0.6 이상
② 두 눈을 동시에 뜨고 잰 시력이 0.8 이상
③ 양쪽 눈의 시력이 각각 0.6 이상
④ 양쪽 눈의 시력이 각각 0.8 이상

해설 두 눈을 동시에 뜨고 잰 시력이 0.8 이상이고, 각각의 시력이 0.5 이상이어야 한다.

문제 12 일정 거리에서 일정한 시표를 보고 모양을 확인할 수 있는지를 가지고 측정하는 시력을 무엇이라 하는가?

① 정지시력
② 동체시력
③ 정체시력
④ 미간시력

해설 정지시력의 정의를 묻는 문제이다.

문제 13 운전 중 피로를 푸는 법으로 부적절한 것은?

① 차 안은 약간 더운 상태로 유지한다.
② 햇빛이 강할 때는 선글라스를 쓴다.
③ 정기적으로 차를 세우고 차에서 나와 가벼운 체조를 한다.
④ 차 안에는 항상 신선한 공기가 충분히 유입되도록 한다.

해설 차 안은 약간 시원한 상태로 유지하는 것이 피로를 낮추는 방법이다.

정답 11 ② 12 ① 13 ①

문제 14 과로한 상태에서 교통표지를 못 보거나 보행자를 알아보지 못하는 것과 관계있는 것은?

① 판단력 저하 ② 주의력 저하
③ 지구력 저하 ④ 감정조절능력 저하

해설 과로에 의해 주의력이 저하된 경우에는 교통표지를 간과하거나, 보행자를 알아보지 못한다.

문제 15 혈중알코올 농도에 영향을 미치는 것이 아닌 것은?

① 음주량 ② 사람의 체중
③ 사람의 모발 상태 ④ 위내 음식물의 종류

해설 혈중알코올 농도에는 음주량, 사람의 체중, 성별, 위 내 음식물의 종류, 음주 후 측정시간 등이 영향을 미친다. 모발의 상태는 혈중알코올 농도와 관련이 없다.

문제 16 환각제에 대한 설명 중 맞지 않는 것은?

① 환각제는 고혈압 치료제로 쓰이며, 일반인이 매입·복용할 수 있는 약물이다.
② 환각제는 인간의 시각을 포함한 제반 감각기관과 인지능력, 사고기능을 변화시킨다.
③ 환각제에 따라서는 인간의 방향감각과 거리, 그리고 시간에 대한 감각을 왜곡시키기도 한다.
④ 복용한 사람은 존재하지도 않는 대상을 보고, 듣고, 느끼며 심지어 냄새를 맡기도 한다.

해설 고혈압 치료제로 쓰이며, 일반인이 매입·복용할 수 있는 약물은 진정제이다. 환각제는 일반인이 매입할 수 없다.

정답 14 ② 15 ③ 16 ①

문제 17 횡단보도 부근으로 보행자가 횡단하고 있을 때 가장 올바른 운전 방법은?

① 횡단보도가 아니므로 경음기 등으로 주의를 주며 통과한다.
② 횡단 보행자를 피해 빠르게 통과한다.
③ 보행자가 횡단 중이므로 서행으로 통과한다.
④ 보행자의 통행을 방해하지 않도록 일시정지했다가 통과한다.

해설 횡단보도 부근으로 보행자가 횡단하고 있을 때 가장 올바른 운전 방법은 보행자의 통행을 방해하지 않도록 정지했다가 통과하는 것이다.

문제 18 운전자에게 보행자와의 사고를 피하는 데 대한 특별한 주의 의무를 부과하는 이유 중 부적절한 것은?

① 대부분의 보행자들은 차가 정지하는 데 필요한 거리를 잘 알고 있다.
② 어린이나 노인은 별다른 주의도 없이 도로로 뛰어든다.
③ 어린이는 가장 예측 불가능한 보행자이다.
④ 어린이는 키가 작아서 발견하기도 힘들다.

해설 대부분의 보행자들은 차가 정지하는 데 필요한 거리를 잘 알지 못한다.

문제 19 대형 차량과 일정한 공간적 거리를 두어야 하는 이유는?

① 정지거리가 상대적으로 짧다.
② 점유공간이 상대적으로 많다.
③ 전·후방의 시야를 제약한다.
④ 대형차는 갑자기 정지하기가 어렵다.

해설 대형차 근접 운전이 위험한 이유는 시야 제약으로 인해 대처행동을 준비할 반응시간을 갖지 못하기 때문이다.

정답 17 ④ 18 ① 19 ③

문제 20 | 대형자동차의 특성이라 볼 수 없는 것은?

① 운전자들이 볼 수 없는 곳(사각)이 적다.
② 정지하는 데 더 많은 시간이 걸린다.
③ 움직이는 데 점유하는 공간이 많다.
④ 다른 차를 앞지르는 데 걸리는 시간이 더 길다.

해설 대형자동차의 특성
- 운전자들이 볼 수 없는 곳(사각)이 늘어난다.
- 정지하는 데 더 많은 시간이 걸린다.
- 움직이는 데 점유하는 공간이 많다.
- 다른 차를 앞지르는 데 걸리는 시간도 더 길어진다.

문제 21 | 차가 커브를 돌 때 주행하던 차로나 도로를 벗어나려는 힘을 무엇이라고 하는가?

① 원심력
② 구심력
③ 마찰력
④ 접지력

해설 차가 길모퉁이나 커브를 돌 때 차로나 도로를 벗어나려는 힘을 원심력이라 한다.

문제 22 | 비가 자주 오거나 습도가 높은 날 브레이크 드럼에 미세한 녹이 발생하고 마찰계수가 높아져 평소보다 브레이크가 지나치게 예민하게 작동하는 현상은?

① 모닝 록(Morning Lock) 현상
② 베이퍼 록(Vapor Lock) 현상
③ 수막(Hydroplaning) 현상
④ 스탠딩웨이브(Standing Wave) 현상

해설 모닝 록(Morning Lock) 현상이란 비가 자주 오거나 습도가 높은 날 또는 오랜 시간 주차한 후에 브레이크 드럼에 미세한 녹이 발생하여 마찰계수가 높아져 평소보다 브레이크가 지나치게 예민하게 작동하는 현상을 말한다.

정답 20 ① 21 ① 22 ①

문제 23 차량의 핸들을 돌렸을 때 앞바퀴의 안쪽 궤적과 뒷바퀴의 안쪽 궤적 간의 차이를 무엇이라 하는가?

① 축거　　　② 윤거　　　③ 회전각　　　④ 내륜차

해설 앞바퀴의 안쪽과 뒷바퀴의 안쪽 궤적 간의 차이를 내륜차라 하고, 바깥 바퀴의 궤적 간의 차이를 외륜차라 한다.

문제 24 타이어의 마모를 촉진하는 환경이라고 할 수 없는 것은?

① 잦은 커브길 운행　　　② 잦은 제동
③ 저속 주행　　　④ 기온이 높은 여름철 주행

해설 타이어 마모에 영향을 주는 요인으로는 무거운 하중, 빠른 속도, 급커브, 잦은 브레이크, 거친 노면, 정비불량, 높은 기온, 운전습관, 트레드 패턴 등이 있다. 저속으로 주행하면 고속주행에 비해 상대적으로 타이어가 보호된다.

문제 25 운전자가 제동을 시작하여 자동차가 완전히 정지할 때까지 진행한 시간을 무엇이라 하는가?

① 제동시간　　　② 정지시간
③ 공주시간　　　④ 정차거리

해설 자동차가 제동을 시작하여 완전히 정지하기 전까지의 시간을 제동시간이라 한다.

문제 26 정지거리에 영향을 미치는 요인 중 운전자 요인이 아닌 것은?

① 인지반응속도　　　② 브레이크의 성능
③ 피로도　　　④ 신체적 특성

해설 브레이크의 성능은 차량요인이다.

정답　23 ④　24 ③　25 ①　26 ②

3. 안전운행요령

문제 27 다음 중 옳은 것은?

① 안전거리 = 정지거리 + 제동거리
② 공주거리 = 정지거리 + 제동거리
③ 제동거리 = 안전거리 + 공주거리
④ 정지거리 = 공주거리 + 제동거리

해설 엑셀에서 발을 떼어 브레이크까지 옮기는 동안 이동한 거리를 공주거리라 하고, 브레이크가 작동되기 시작하여 차가 완전히 정지되는데 까지 이동한 거리를 제동거리라 한다. 공주거리와 제동거리의 합이 정지거리가 된다.

문제 28 2차로 앞지르기 금지구간에서 자동차의 원활한 교통을 도모하고, 도로 안전성을 제고하기 위해 길어깨(갓길) 쪽으로 설치하는 저속 자동차의 주행차로를 무엇이라 하는가?

① 회전차로
② 양보차로
③ 앞지르기차로
④ 가변차로

해설 **차로의 정의**
- **회전차로**: 자동차가 우회전, 좌회전 또는 유턴을 할 수 있도록 직진하는 차로와 분리하여 설치하는 차로
- **앞지르기차로**: 저속 자동차로 인한 뒤차의 속도 감소를 방지하고, 반대차로를 이용한 앞지르기가 불가능할 경우 원활한 소통을 위해 도로 중앙 측에 설치하는 고속 자동차의 주행차로를 말한다.
- **가변차로**: 방향별 교통량이 특정시간대에 현저하게 차이가 발생하는 도로에서 교통량이 많은 쪽으로 차로수가 확대될 수 있도록 신호기에 의하여 차로의 진행방향을 지시하는 차로를 말한다.

문제 29 자동차의 가속 및 감속을 위해 설치하는 차로로 교차로, 인터체인지 등에 주로 설치하는 차로는?

① 축대
② 중앙차로
③ 오르막차로
④ 변속차로

해설 변속차로의 정의에 관한 문제이다.

정답 27 ④ 28 ② 29 ④

문제 30 다음 중 교통약자 이동편의 증진법에서 정의하는 교통약자가 아닌 사람은?
① 어린이
② 장애인
③ 고령자
④ 부녀자

해설 교통약자란 장애인, 임산부, 고령자, 영유아 동반자, 어린이 등 생활함에 있어 이동에 불편함을 느끼는 사람들을 말한다.

문제 31 평면곡선부에서 자동차가 원심력에 저항할 수 있도록 하기 위하여 설치하는 횡단경사를 무엇이라 하는가?
① 시거
② 축대
③ 편경사
④ 종단경사

해설 편경사에 대한 정의를 묻는 문제이다.

문제 32 곡선부 등에 차량의 이탈사고를 방지하기 위해 설치하는 시설과 관계있는 것은?
① 방호울타리
② 갈매기 표지
③ 측대
④ 편경사

해설 곡선부 등에서는 차량의 이탈사고를 방지하기 위해 방호울타리를 설치할 수 있으며, 기능은 운전자의 시선 유도, 탑승자의 상해 및 자동차의 파손 감소, 자동차를 정상적인 진행방향으로 복귀, 자동차의 차도 이탈방지다.

문제 33 평면곡선 도로를 주행할 때 원심력에 의해 곡선 바깥쪽으로 진행하려는 힘과 관련이 없는 것은?
① 평면곡선 반지름
② 시선유도시설
③ 타이어와 노면의 횡방향 마찰력
④ 편경사

해설 원심력은 평면곡선 반지름, 타이어와 노면의 횡방향 마찰, 편경사와 관련이 있다.

정답 30 ④ 31 ③ 32 ① 33 ②

3. 안전운행요령

문제 34 종단선형과 교통사고와의 관계 중 종단경사가 커짐에 따라 사고율은 어떻게 나타나는가?

① 평지에서의 사고율이 내리막에서보다 높게 나타난다.
② 오르막길에서의 사고율이 평지에서보다 높게 나타난다.
③ 내리막길에서의 사고율이 평지와 같게 나타난다.
④ 내리막길에서의 사고율이 오르막길에서보다 높게 나타난다.

해설 종단경사라 함은 오르막과 내리막의 정도를 말하는 것으로 종단경사가 크다면 경사가 심하다는 것을 의미한다. 경사가 심하게 되면 차량의 통제력이 그만큼 떨어지게 되고, 통제력이 떨어지는 만큼 사고위험성이 증가하게 된다. 따라서 사고율은 평지나 오르막보다 내리막에서 높게 나타난다.

문제 35 차로를 구분하기 위해 설치한 것으로 맞는 것은?

① 자전거도로
② 길어깨
③ 차선
④ 주차대

해설 차로와 차로를 구분하는 것은 차선이다.

문제 36 포장된 길어깨(갓길)의 장점으로 맞지 않는 것은?

① 차도 끝의 처짐이나 이탈을 방지한다.
② 물의 흐름으로 인한 노면 패임을 방지한다.
③ 승용자동차의 주행을 원활하게 한다.
④ 보도가 없는 도로에서는 보행의 편의를 제공한다.

해설 길어깨는 긴급자동차의 주행을 원활하게 한다.

정답 34 ④ 35 ③ 36 ③

문제 37. 길어깨와 관련 없는 것은?

① 갓길이라고도 한다.
② 비상시 이용을 위해 설치한다.
③ 도로 보호를 위해 설치한다.
④ 차도와 분리하여 설치한다.

해설 길어깨는 도로를 보호하고 비상시에 이용하기 위하여 차도와 연결하여 설치하는 도로의 부분으로 갓길이라고도 한다.

문제 38. 교량과 교통사고의 관계에 대한 설명 중 맞지 않는 것은?

① 교량의 폭, 교량 접근도로의 형태 등이 교통사고와 밀접한 관계가 있다.
② 교량 접근도로의 폭에 비해 교량의 폭이 좁으면 사고 위험이 감소한다.
③ 교량 접근도로의 폭과 교량의 폭이 같을 때에는 사고 위험이 감소한다.
④ 교량 접근도로의 폭과 교량의 폭이 서로 다른 경우에도 교통통제설비를 설치하면 운전자의 경각심을 불러일으켜 사고 감소효과가 발생할 수 있다.

해설 교량 접근도로의 폭에 비해 교량의 폭이 좁으면 사고 위험이 증가한다.

문제 39. 회전교차로의 장점이 아닌 것은?

① 교차로 유지비용이 적게 든다.
② 교통량을 줄일 수 있다.
③ 교통사고를 줄일 수 있다.
④ 도로미관 향상을 기대할 수 있다.

해설 회전교차로는 회전차로를 우선으로 하는 신교통운영기법으로, 교차로 유지비용이 적게 들고 교통사고를 줄일 수 있으며 미관 향상을 기대할 수 있는 교차로 설계 및 운영기법이다. 회전교차로의 설치만으로 교통량을 줄일 수는 없다.

정답 37 ④ 38 ② 39 ②

3. 안전운행요령

문제 40 회전교차로의 일반적인 특징으로 적절하지 않은 것은?

① 신호교차로에 비해 유지관리 비용이 적게 든다.
② 인접 도로 및 지역에 대한 접근성을 높여 준다.
③ 지체시간이 감소되어 연료 소모와 배기가스를 줄일 수 있다.
④ 사고빈도가 높아 교통안전 수준을 저하시킨다.

해설 회전교차로는 일반적으로 사고빈도가 낮아 교통안전 수준을 향상시키는 특징이 있다.

문제 41 회전교차로 진입 방법으로 맞지 않는 것은?

① 회전교차로에 진입할 때에는 충분히 속도를 높인 후 진입한다.
② 회전교차로에 진입하는 자동차는 회전 중인 자동차에게 양보한다.
③ 회전차로 내부에서 주행 중인 자동차를 방해할 우려가 있을 때에는 진입하지 않는다.
④ 회전차로 내에 여유 공간이 있을 때까지 양보선에서 대기한다.

해설 회전교차로 진입 시에는 충분히 속도를 줄인 후 진입하여야 한다.

문제 42 주간 또는 야간에 운전자의 시선을 유도하기 위해 설치된 시선유도시설 중 표지병은 다음 중 어느것인가?

① 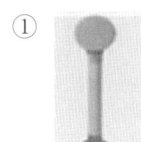 ②

③  ④

해설 ①은 시선유도표지, ②는 갈매기표지, ③은 도로차단봉, ④는 표지병의 사진이다.

정답 40 ④ 41 ① 42 ④

문제 43 주간 또는 야간에 운전자의 시선을 유도하기 위해 설치된 안전시설이 아닌 것은?

① 신호등
② 갈매기 표지
③ 시선 유도 표지
④ 표지병

해설 주간 또는 야간에 운전자의 시선을 유도하기 위해 설치된 안전시설로 시선 유도 표지, 갈매기 표지, 표지병 등이 있다.

문제 44 주행 차로를 벗어난 차량이 도로상의 구조물 등과 충돌하기 전에 자동차의 충격에너지를 흡수하여 정지하도록 하는 시설로 주로 교각이나 교대, 지하차도의 기둥 등에 설치하는 시설은 무엇인가?

① 긴급제동시설
② 방호울타리
③ 충격흡수시설
④ 과속방지시설

해설 충격흡수시설의 정의를 묻는 문제이다.

문제 45 충격흡수시설에 대한 설명으로 틀린 것은?

① 도로상 구조물과 충돌하기 전 자동차 충격에너지 흡수
② 본래 주행차로로 복귀
③ 충돌 예상 장소에 설치
④ 사람과의 직접적 충돌로 인한 사고피해 감소

해설 충격흡수시설은 자동차가 구조물과의 직접적인 충돌로 인한 사고 피해를 줄이기 위해 설치한다.

정답 43 ① 44 ③ 45 ④

문제 46 정차하려는 버스와 우회전하려는 자동차가 상충될 수 있는 단점이 있는 가로변 버스정류소는?

① 도로구간 외 정류소 ② 도로구간 내 정류소
③ 교차로 통과 전 정류소 ④ 교차로 통과 후 정류소

해설 교차로 통과 전에 정류소가 있으면 우회전하려는 자동차와 정차하고 있는 버스 간에 간섭이 발생하게 된다.

문제 47 버스승객의 승·하차를 위하여 본선 차로에서 분리하여 설치한 띠 모양의 공간은?

① 버스정류장 ② 버스정류소
③ 간이 버스정류장 ④ 간이 휴게소

해설 버스정류장(Bus Bay)은 본선에서 분리하여 설치된 띠 모양의 공간이며, 버스정류소(Bus Stop)는 본선의 오른쪽 차로를 그대로 이용하는 공간을 말한다.

문제 48 비상주차대가 설치되는 장소가 아닌 것은?

① 고속도로에서 길어깨(갓길) 폭이 2.5m 미만으로 설치되는 경우
② 길어깨(갓길)를 축소하여 건설되는 긴 교량의 경우
③ 긴 터널의 경우
④ 오르막도로의 커브가 심한 경우

해설 오르막도로의 커브가 심한 곳에 주차대를 설치하면 위험하다.

문제 49 규모에 따른 휴게시설의 종류로 볼 수 없는 것은?

① 고속도로 휴게소 ② 간이휴게소
③ 화물차 전용휴게소 ④ 일반휴게소

해설 휴게시설은 규모에 따라 일반, 간이, 화물차 전용, 쉼터(소규모) 휴게소로 나뉜다.

정답 46 ③ 47 ① 48 ④ 49 ①

문제 50 인지, 판단의 기술 중 운전에 있어 중요한 정보의 90% 이상을 담당하는 감각기관은?

① 시각
② 청각
③ 후각
④ 촉각

해설 운전을 할 때 필요한 정보의 거의 90%는 시각을 통해 얻는다. 따라서 안전운전을 하려면 자신의 시각을 통해 앞을 잘 관찰하면서 순간순간 위험한 물체나 다른 차를 피할 수 있는 능력이 필요하다.

문제 51 안전운전을 위한 효율적인 정보처리 과정의 순서로 맞게 나열된 것은?

① 예측 – 판단 – 확인 – 실행
② 예측 – 확인 – 판단 – 실행
③ 확인 – 예측 – 판단 – 실행
④ 확인 – 판단 – 예측 – 실행

해설 운전의 위험을 다루는 효율적인 정보처리 방법은 확인→예측→판단→실행의 과정을 따르는 것이다.

문제 52 인지, 판단의 기술 중 확인방법으로 틀린 것은?

① 주행차로를 중심으로 전방의 먼 곳을 살핀다.
② 후사경과 사이드미러를 주기적으로 살펴 좌우와 뒤에서 접근하는 차량들의 상태를 파악한다.
③ 도로 전방의 한 곳에 시선을 고정하여 교통상황을 파악한다.
④ 가까운 곳은 좌우로 번갈아 보면서 도로 주변 상황을 탐색한다.

해설 운전 시 시선은 좌우로 움직이면서 넓은 시야각을 확보해야 한다.

• 정답 50 ① 51 ③ 52 ③

3. 안전운행요령

문제 53 목적지를 찾느라 전방을 주시하지 못해 보행자와 충돌했다면 다음 중 무엇과 관련이 있는가?

① 주의의 정착
② 주의의 분산
③ 주의의 고착
④ 주의의 분할

해설 선택적 주시과정에서 어느 한 물체에 시선을 뺏겨 오래 머무는 현상을 주의의 고착이라고 한다.

문제 54 위험에 대해 신중한 운전자(위험 회피자)는 운전자의 행동특성에 따라 예측회피반응집단과 지연회피반응집단으로 구분이 가능하다. 이 중 예측회피반응집단의 행동특성으로 맞지 않는 것은?

① 사전 적응력
② 위험에 대한 저속 접근
③ 위험에 대한 감내성
④ 인지적 접근

해설 위험에 대한 비감내성을 갖는다. 즉, 예측회피반응집단은 위험을 견디기 힘들어한다는 뜻이다.

문제 55 시야 고정이 많은 운전자의 특성이라 볼 수 없는 것은?

① 위험에 대응하기 위해 경적이나 전조등을 지나치게 자주 사용한다.
② 더러운 창이나 안개에 개의치 않는다.
③ 거울이 더럽거나 방향이 맞지 않는데도 개의치 않는다.
④ 정지선 등에서 정차 후 다시 출발할 때 좌우를 확인하지 않는다.

해설 시야 고정이 많은 운전자는 위험에 대응하기 위해 경적이나 전조등을 좀처럼 사용하지 않는다. 위험 자체에 대한 인지가 부족하기 때문이다.

정답 53 ③ 54 ③ 55 ①

문제 56 **회전을 하거나 차로를 변경할 경우에 가장 우선적으로 고려해야 할 운전기술은?**

① 눈을 계속해서 움직인다.
② 전방 가까운 곳을 잘 살핀다.
③ 차가 빠져나갈 공간을 확보한다.
④ 다른 사람들이 나를 볼 수 있게 한다.

해설   회전을 하거나 차로 변경을 할 경우에 다른 사람이 미리 알 수 있도록 신호를 보내야 한다.

문제 57 **뒷 차가 바짝 붙어서 주행하는 상황을 피할 수 있는 방법으로 옳지 않은 것은?**

① 가능하면 차로는 변경하지 않고 직진한다.
② 가능하면 속도를 약간 내서 뒷 차와의 거리를 늘린다.
③ 정지할 공간을 확보할 수 있게 점진적으로 속도를 줄여서 뒷 차가 추월할 수 있게 만든다.
④ 브레이크 페달을 가볍게 밟아서 제동등이 들어오게 하여 속도를 줄이려는 의도를 뒤차가 알 수 있게 한다.

해설   뒷 차가 바짝 붙어 오는 상황에서는 가능하면 뒷 차가 지나갈 수 있게 차로를 변경한다.

문제 58 **다음 중 안전운전의 5가지 기본기술과 관계가 없는 것은?**

① 눈을 계속해서 움직인다.
② 다른 사람들이 자신을 볼 수 있게 한다.
③ 전방 가까운 곳을 잘 살핀다.
④ 차가 빠져나갈 공간을 확보한다.

해설   운전 중에는 전방 멀리 본다.

● 정답 56 ④   57 ①   58 ③

문제 59 방어운전에 대한 설명으로 옳지 않은 것은?

① 사고유형 패턴의 실수를 예방하기 위한 방법이다.
② 신호를 예측하여 관성으로 차량을 정지시켜 방어하는 방법을 말한다.
③ 사람들의 행동을 예상하고 적절한 시기에 차량의 속도와 위치를 바꾸는 운전을 말한다.
④ 다른 차량을 위험한 상황으로부터 보호해주는 운전기술을 의미한다.

해설 신호를 예측하는 행위는 안전한 운전습관이 아니다.

문제 60 비상주차대가 설치되는 장소가 아닌 것은?

① 고속도로에서 길어깨(갓길) 폭이 2.5m 미만으로 설치되는 경우
② 길어깨(갓길)를 축소하여 건설되는 긴 교량의 경우
③ 긴 터널의 경우
④ 오르막도로의 커브가 심한 경우

해설 비상주차대가 설치되는 장소
- 고속도로에서 길어깨 폭이 2.5m 미만으로 설치되는 경우
- 길어깨를 축소하여 건설되는 긴 교량의 경우
- 긴 터널의 경우 등

문제 61 다음 중 눈, 비 올 때의 미끄러짐 사고를 예방하기 위한 운전법이 아닌 것은?

① 다른 차량 주변으로 가깝게 다가가지 않는다.
② 제동이 제대로 되는지를 수시로 살펴본다.
③ 제동상태가 나쁠 경우 도로 조건에 맞춰 속도를 낮춘다.
④ 앞차와의 거리를 좁혀 앞차의 궤적을 따라간다.

해설 앞차와의 거리를 좁히면 위험하다.

정답 59 ② 60 ④ 61 ④

문제 62   **브레이크와 타이어 등 차량 결함 사고 발생 시 대처방법으로 옳지 않은 것은?**

① 차의 앞바퀴가 터지는 경우 핸들을 단단하게 잡아 차가 한 쪽으로 쏠리는 것을 막고, 의도한 방향을 유지한 다음 속도를 줄인다.
② 앞바퀴의 바람이 빠져 차가 한쪽으로 미끄러지는 것을 느끼면 핸들 방향을 미끄러지는 반대방향으로 돌려주어 대처한다.
③ 앞·뒤 브레이크가 동시에 고장 시 브레이크 페달을 반복해서 빠르고 세게 밟으면서 주차 브레이크도 세게 당기고 기어도 저단으로 바꾼다.
④ 페이딩 현상이 일어나면 차를 멈추고 브레이크가 식을 때까지 기다린다.

해설   차가 한쪽으로 미끄러지는 것을 느껴 핸들 방향을 미끄러지는 방향으로 돌려주어 대처하는 것은 뒷바퀴의 바람이 빠졌을 때의 대처방법이다.

문제 63   **방어운전은 운전자가 사고 당시에 합리적으로 행동했다면 예방 가능했던 교통사고가 몇 % 이상이라는 것이 전제인가?**

① 70%   ② 80%
③ 90%   ④ 100%

해설   방어운전의 전제는 교통사고의 90% 이상은 사실상 운전자가 당시에 합리적으로 행동했다면 예방 가능했던 사고라는 것이다.

문제 64   **시가지에서의 방어운전 중 시인성 다루기 방법으로 옳지 않은 것은?**

① 항상 예기치 못한 정지나 회전에 대한 마음의 준비를 한다.
② 주의표지나 신호에 대해서도 감시를 늦추지 말아야 한다.
③ 빌딩이나 주차장 등의 입구나 출구 앞에서는 충돌 방지를 위해 신속히 통과한다.
④ 전방 차량 후미의 등화에 지속적으로 주의한다.

해설   빌딩이나 주차장 등의 입구나 출구에서는 반드시 서행하거나 일시정지하여 안전을 확인한 후 통과하여야 한다.

정답   62 ②   63 ③   64 ③

문제 65 시가지 교차로에서의 방어운전 요령을 바르게 설명한 것은?

① 교차로에 접근하면서 먼저 오른쪽과 왼쪽을 살펴보면서 교차방향 차량을 관찰한다. 그 다음에는 다시 왼쪽을 살핀다.
② 교차로에 접근하면서 먼저 왼쪽과 오른쪽을 살펴보면서 교차방향 차량을 관찰한다. 그 다음에는 다시 왼쪽을 살핀다.
③ 교차로에 접근하면서 전방신호기만을 확인한 후 주행방향으로 진행한다.
④ 교차로에 접근할 경우는 앞차의 주행상황을 맹목적으로 따라간다.

해설 좌우좌 규칙은 교차로에 접근하면서 먼저 왼쪽과 오른쪽을 살펴 교차 방향 차량을 관찰한다. 동시에 오른발은 브레이크 페달 위에 놓고 밟을 준비를 한다. 그 다음에는 다시 왼쪽을 살핀다.

문제 66 시가지 교차로에서의 방어운전 중 버스 회전 시 주변에 있는 물체와 접촉할 가능성이 높아지는 것은 버스의 어떤 특성 때문인가?

① 내륜차가 승용차에 비해 크다.
② 운전석에서 볼 수 없는 곳이 승용차에 비해 넓다.
③ 바퀴 크기가 승용차보다 크다.
④ 무게가 승용차에 비해 무겁다.

해설 버스의 좌우회전 시에 주변에 있는 물체와 접촉할 가능성이 높아지는 것은 내륜차가 승용차에 비해 훨씬 크기 때문이다.

문제 67 시가지 이면도로에서 위험하게 느껴지는 자동차나 자전거·보행자 등을 발견하였을 때의 방어운전 방법으로서 부적절한 것은?

① 그 움직임을 주시하면서 운행한다.
② 상대에게 경음기나 전조등 등으로 주의를 주면서 운행한다.
③ 자전거나 이륜차의 갑작스런 회전 등에 대비한다.
④ 주·정차된 차량이 출발하려고 할 때에는 감속하여 안전거리를 확보한다.

해설 시가지 이면도로에서 경음기나 전조등을 이용하는 것은 올바른 방어운전 방법이 아니다.

정답 65 ② 66 ① 67 ②

문제 68 **어린이보호구역이 있는 시가지 이면도로에서의 방어운전 방법으로서 가장 적절하지 않은 것은?**

① 시속 40km 정도로 주행한다.
② 자동차나 어린이가 갑자기 출현할 수 있다는 생각을 가지고 운전한다.
③ 언제라도 곧 정지할 수 있는 마음의 준비를 갖춘다.
④ 위험한 대상물이 있는지 계속 살펴본다.

해설 어린이보호구역에서는 시속 30km 이하로 운전해야 한다.

문제 69 **지방도에서 사고예방을 위한 운전방법으로 적절하지 않은 것은?**

① 천천히 움직이는 차는 바로 앞지르기를 시행한다.
② 교통신호등이 없는 교차로에서는 언제든지 감속 또는 정지 준비를 한다.
③ 낯선 도로를 운전할 때는 미리 갈 노선을 계획한다.
④ 동물이 주행로를 가로질러 건너갈 때는 속도를 줄인다.

해설 천천히 움직이는 차를 주시하며, 필요에 따라 속도를 조절한다.

문제 70 **지방도에서의 시인성 확보를 위해 문제를 야기할 수 있는 전방 몇 초의 상황을 확인하는 것이 좋은가?**

① 1~4초
② 5~8초
③ 9~11초
④ 12~15초

해설 지방도에서의 시인성 확보를 위해서는 문제를 야기할 수 있는 전방 12~15초의 상황을 확인한다. 거기까지 볼 수 없다면 시야가 트일 때까지 속도를 줄이고 제동준비를 해야 한다.

정답 68 ① 69 ① 70 ④

문제 71 회전 시, 앞지르기를 할 때 등에 신호를 하는 것은 어떤 전략에 속하는가?

① 시간을 다루는 전략
② 공간을 다루는 전략
③ 시인성을 다루는 전략
④ 운전조작 전략

> **해설** 회전 시, 차를 길가로 붙일 때, 앞지르기를 할 때 자신의 의도를 신호로 나타내는 것은 잘 보이게 하는, 즉 시인성 다루기 전략에 해당한다.

문제 72 커브길 주행 시 방어운전 방법으로 바르지 않은 것은?

① 급커브길에서 앞지르기 금지표지가 없을 경우에는 안전상황에 대한 확인 없이 앞지르기 한다.
② 경음기, 전조등을 사용하여 내 차의 존재를 반대 차로 운전자에게 알린다.
③ 겨울철 커브길에서는 사전에 충분히 감속한다.
④ 진입 전 감속된 속도에 맞는 기어로 변속한다.

> **해설** 급커브길 등에서의 앞지르기는 대부분 규제표지 및 노면표시 등 안전표지로 금지하고 있으나, 금지표지가 없다고 하더라도 전방의 안전이 확인 안 되는 경우에는 절대 하지 않는다.

문제 73 오르막길에서의 안전운전 및 방어운전의 방법으로 부적절한 것은?

① 오르막길에서 부득이하게 앞지르기 할 때에는 가급적 고단 기어를 사용하는 것이 안전하다.
② 정차해 있을 때에는 가급적 풋브레이크와 핸드브레이크를 동시에 사용한다.
③ 오르막길의 정상 부근은 시야가 제한되므로 서행하며 위험에 대비한다.
④ 정차할 때에는 앞차가 뒤로 밀려 충돌할 가능성이 있으므로 충분한 차간거리를 유지한다.

> **해설** 오르막길에서 앞지르기할 때에는 가속력이 좋은 저단 기어를 사용하는 것이 보다 안전하다.

정답 71 ③ 72 ① 73 ①

문제 74 **고속도로에서의 방어운전 방법으로 옳지 않은 것은?**
① 차로를 변경하기 위해서는 핸들을 점진적으로 튼다.
② 여러 차로를 가로지를 필요가 있을 경우에도 한 번에 한 차로씩 옮겨간다.
③ 고속으로 주행하기 때문에 차로 변경 시 신호하지 않아도 된다.
④ 교량, 터널 등 차로가 줄어드는 곳에서는 속도를 줄이고 주의하여 진입한다.

해설 고속으로 주행하기 때문에 차로 변경 시 반드시 신호하여야 한다.

문제 75 **고속도로에서의 시인성, 시간, 공간의 관리 중 공간을 관리하는 운전 전략으로 부적절한 것은?**
① 앞지르기를 마무리할 때 앞지르기 한 차량의 앞으로 너무 일찍 진입하지 않도록 한다.
② 뒤로 바짝 붙는 차량이 있으면 안전을 확인하고 다른 차로로 변경하여 먼저 갈 수 있도록 양보한다.
③ 도로의 차로수가 갑자기 줄어드는 곳을 특히 주의한다.
④ 주행 시 내 차량의 앞으로 진입하려는 차량이 있을 때에는 전조등 등을 이용하여 경고한다.

해설 고속도로에서 주행시 내 차량의 앞으로 진입하려는 차량에게는 가급적 양보하고, 옆 차로가 비어 있는 경우에는 차량의 간섭을 피해 차로를 사전 변경한다.

문제 76 **진입차선을 통해 고속도로로 들어갈 때 방어운전을 위해 유지해야 할 최소한의 시간간격은?**
① 10초
② 8초
③ 4초
④ 2초

해설 다른 차량과의 합류 시, 차로변경 시, 진입차선을 통해 고속도로로 들어갈 때에는 적어도 4초의 간격을 허용하도록 한다.

정답 74 ③ 75 ④ 76 ③

3. 안전운행요령

문제 77 고속도로 진입부에서의 안전운전을 위한 주의사항으로 거리가 먼 것은?

① 본선 진입의도를 다른 차량에게 방향지시등으로 알린다.
② 본선 차량의 교통흐름을 방해하지 않도록 한다.
③ 본선 진입 시기를 잘못 맞추면 교통사고가 발생할 수 있다.
④ 가속차로 끝부분에서 속도를 낮춘다.

해설 진입을 위한 가속차로 끝부분에서 감속하지 않도록 주의한다.

문제 78 앞지르기 순서와 방법상의 주의사항으로 부적절한 것은?

① 좌측 및 우측 차로의 상황을 살피고 앞지르기가 쉬운 차로로 앞지르기를 시도한다.
② 전방의 안전을 확인하는 동시에 후사경 등으로 진입할 차로의 전·후방을 확인한다.
③ 최고속도의 제한범위 내에서 가속하여 진로를 변경한다.
④ 앞지르기 당하는 차를 후사경으로 볼 수 있는 거리까지 주행하며 방향지시등을 켠 다음 진입한다.

해설 도로교통법에서 규정하고 있는 앞지르기라 함은 앞지르기하려는 차가 앞지르기 당하는 차의 좌측 전방으로 나아가는 것을 의미한다.

문제 79 앞차가 좌측으로 진로를 바꾸려고 하거나 다른 차를 앞지르려고 할 때 올바른 앞지르기 방법은?

① 앞차가 앞지르기를 하고 있는 때에는 앞지르기를 시도하지 않는다.
② 다차로에서 앞차가 좌측으로 진로를 바꾸면 우측으로 진로를 변경해 앞지르기를 시도한다.
③ 앞차가 앞차를 앞지르려고 하는 경우 좌측의 공간이 있다면 같이 앞지르기를 시도한다.
④ 앞차가 앞지르기를 시작해서 앞지르기 당하는 차를 지나칠 때 쯤 앞지르기를 시도한다.

해설 앞차가 좌측으로 진로를 바꾸려고 하거나 다른 차를 앞지르려고 할 때는 앞지르기를 해서는 안 된다.

정답 77 ④ 78 ① 79 ①

문제 80 **다른 차가 자신의 차를 앞지르기할 때의 방어운전에 대한 설명으로 부적절한 것은?**

① 앞지르기를 시도하는 차가 원활하게 주행차로로 진입할 수 있도록 속도를 줄여준다.
② 앞지르기 금지장소 등에서도 앞지르기를 시도하는 차가 있다는 사실을 염두에 두고 주행한다.
③ 앞지르기 금지장소에서 후속차량이 앞지르기를 시도할 경우 안전을 위해 앞차량과의 간격을 좁혀 시도를 막는다.
④ 앞지르기를 시도하는 차가 안전하고 신속하게 앞지르기를 완료할 수 있도록 한다.

해설) 앞차와의 간격을 좁혀 앞지르기 시도를 막으면 충돌위험이 급격히 증가하게 된다.

문제 81 **야간의 안전운전을 위해 기억해야 할 사항과 거리가 먼 것은?**

① 밤에 앞차의 바로 뒤를 따라갈 때에는 전조등 불빛의 방향을 아래로 향하게 한다.
② 자동차의 전조등 불빛이 강할 때는 선글라스를 착용하고 운전한다.
③ 흑색 등 어두운 색의 옷차림을 한 보행자의 확인에 세심한 주의를 기울여야 한다.
④ 자동차가 서로 마주보고 진행하는 경우에는 전조등 불빛의 방향을 아래로 향하게 한다.

해설) 전조등 불빛이 강하게 느껴진다는 것은 전조등이 켜져 있다는 것으로 이는 야간을 의미한다. 야간의 선글라스 착용운전은 매우 위험한 행동이다. 선글라스는 햇빛이 강하여 눈부심 상태가 오래 지속되는 경우에만 선택적으로 착용한다.

문제 82 **보행자가 교차하는 차량의 불빛 중간에 있게 되면 운전자가 순간적으로 보행자를 전혀 보지 못하는 현상을 말하는 것은?**

① 현혹현상
② 증발현상
③ 명순응
④ 암순응

해설) 야간에 대향차의 전조등 눈부심으로 인해 순간적으로 보행자를 잘 볼 수 없게 되는 현상으로 보행자가 교차하는 차량의 불빛 중간에 있게 되면 운전자가 순간적으로 보행자를 전혀 보지 못하는 현상을 증발현상이라 한다.

● 정답 80 ③ 81 ② 82 ②

문제 83 **야간에 안전운전을 위한 주의사항으로 거리가 먼 것은?**

① 어두운 색의 옷차림을 한 보행자의 확인에 더욱 세심한 주의를 기울인다.
② 대향차의 전조등 불빛이 강할 때는 선글라스를 착용하고 운전한다.
③ 자동차가 서로 마주보고 진행하는 경우에는 전조등의 방향을 아래로 향하게 한다.
④ 밤에 앞차의 바로 뒤를 따라 갈 때에는 전조등 불빛방향을 아래로 향하게 한다.

해설 야간에는 안전운전을 위해 선글라스를 착용하고 운전하지 않는다.

문제 84 **야간에 식별이 가장 곤란한 보행자는 어떤 옷을 입은 보행자인가?**

① 흰색 옷을 입은 보행자
② 흑색 옷을 입은 보행자
③ 밝은색 옷을 입은 보행자
④ 불빛에 반사가 잘되는 소재의 옷을 입은 보행자

해설 야간에 식별이 가장 곤란한 보행자는 흑색 등 어두운 옷을 입은 보행자이다.

문제 85 **경제운전의 효과와 거리가 먼 것은?**

① 교통소통 증진효과
② 고장수리 및 유지관리작업 등 시간손실 감소효과
③ 공해배출 등 환경문제의 감소효과
④ 차량관리, 고장수리, 타이어 교체 등 비용 감소효과

해설 경제운전으로 교통소통을 증진시키기는 어렵다.

정답 83 ② 84 ② 85 ①

문제 86 경제운전을 설명한 것 중 거리가 먼 것은?

① 여러 가지 외적 조건에 따라 운전방식을 맞추어 연료 소모율 등을 낮추는 방식이다.
② 공기압력이 낮은 타이어의 사용은 경제운전에 도움이 된다.
③ 공해배출을 최소화함과 동시에 안전의 목적도 달성하기 위한 운전방식이다.
④ 친환경 경제운전을 에코드라이빙이라고 부르기도 한다.

해설 타이어 공기압이 적정 압력보다 낮으면 연비가 나빠진다.

문제 87 경제운전과 기어변속과의 관계를 적절히 설명한 것이 아닌 것은?

① 엔진회전속도가 2,000~3,000 RPM 상태에서 고단기어 변속이 바람직하다.
② 가능한 한 빨리 고단 기어로 변속하는 것이 좋다.
③ 반드시 저단 기어 상태에서 차를 멈춰야 한다.
④ 기어변속은 반드시 순차적으로 해야 하는 것은 아니다.

해설 반드시 저단 기어 상태에서 차를 멈출 필요는 없다.

문제 88 버스의 엔진 시동 및 출발에 대한 요령으로 부적절한 것은?

① 엔진 시동을 걸 때는 적정 속도로 엔진을 회전시켜 적정한 오일 압력이 유지되도록 한다.
② 적정 공회전 시간은 여름의 경우 1~2분 정도가 적당하다.
③ 오일이 엔진의 다양한 윤활지점에 도달하여야 이상 없이 출발할 수 있다.
④ 오일 압력이 적정하게 되면 부드럽게 출발한다.

해설 적정 공회전 시간은 여름에는 20~30초, 겨울은 1~2분 정도가 적당하다.

정답 86 ② 87 ③ 88 ②

3. 안전운행요령

문제 89 자동차를 출발시키고자 할 때 기본 운전수칙으로 적당하지 않은 것은?

① 주차상태에서 출발할 때에는 차량의 사각지점을 고려하여 전후, 좌우의 안전을 직접 확인한다.
② 시동을 걸 때에는 기어가 들어가 있는지를 확인한다.
③ 출발할 때에는 자동차 문을 완전히 닫은 상태에서 출발한다.
④ 출발 후 진로변경이 끝난 후에도 방향지시등을 지속적으로 유지시킨다.

해설 진로변경 후에는 방향지시등을 소등하여 후방 운전자의 혼란을 방지하여야 한다.

문제 90 정류소에서 출발할 때에 가장 우선적으로 해야 하는 것은?

① 기어변속을 한다.
② 방향지시등을 작동한다.
③ 차문을 닫는다.
④ 가속을 한다.

해설 정류소에서 정차 후 출발할 때에는 자동차 문을 완전히 닫은 상태에서 방향지시등을 작동시켜 도로주행 의사를 표시한 후 출발한다.

문제 91 안전한 주행을 위한 방법으로 적당하지 않은 것은?

① 교통량이 많은 곳에서는 후미추돌을 방지하기 위하여 감속 주행한다.
② 곡선반경이 작은 도로에서는 감속하여 안전하게 통과한다.
③ 터널 등 조명조건이 불량한 곳에서는 최대한 가속하여 빨리 벗어난다.
④ 주행하는 차들과 제한속도를 넘지 않는 범위 내에서 속도를 맞추어 주행한다.

해설 해질 무렵, 터널 등 조명조건이 불량한 경우에는 감속하여 주행하여야 한다.

정답 89 ④　90 ③　91 ③

문제 92 **차량에 대한 점검이 필요할 때에 대한 설명 중 부적절한 것은?**
① 교통체증으로 인한 정체 시
② 운행시작 전 또는 종료 후
③ 운행 중간 휴식시간
④ 운행 중에 차량의 이상이 발견된 경우

해설 정체 시 차량점검을 해서는 안 된다.

문제 93 **여름철 주행 후 세차가 가장 중요한 상황은?**
① 고속도로 주행 후
② 시외도로 주행 후
③ 시내도로 주행 후
④ 해안도로 주행 후

해설 해안 근처는 염기가 강하여 차량 하부의 금속이 부식될 수 있으므로 반드시 세차를 통해 소금기를 제거하여야 한다.

문제 94 **와이퍼 작동상태의 점검방법으로 거리가 먼 것은?**
① 와이퍼가 정상적으로 작동하는지를 확인한다.
② 유리면과 접촉하는 와이퍼 블레이드가 닳지 않았는지를 점검한다.
③ 노즐의 분출구가 막히지 않았는지, 노즐의 분사 각도는 양호한지를 점검한다.
④ 냉각수가 충분한지 점검한다.

해설 와이퍼 작동상태의 점검을 위해서는 워셔액이 충분한지 점검해야 한다.

정답 92 ① 93 ④ 94 ④

문제 95 여름철 차량 내부의 습기 제거에 대한 설명으로 적합하지 않은 것은?

① 차량 내부에 습기가 있는 경우에는 차체의 부식이나 악취발생을 방지하기 위하여 습기를 제거하여야 한다.
② 폭우 등으로 물에 잠긴 차량은 배선의 수분을 제거하지 않은 상태에서 시동을 걸면 전기장치의 퓨즈가 단선될 수 있다.
③ 폭우 등으로 물에 잠긴 차량은 우선적으로 습기를 제거해야 한다.
④ 습기를 제거할 때에는 배터리를 연결한 상태에서 실시한다.

해설 습기를 제거할 때에는 배터리를 반드시 분리한 상태에서 실시한다.

문제 96 여름철 교통사고 위험요인으로 거리가 가장 먼 것은?

① 불쾌지수 ② 수면부족
③ 열대야 현상 ④ 춘곤증

해설 춘곤증은 봄철에 나타나는 현상이다.

문제 97 겨울철 교통사고 위험요인에 대한 설명으로 가장 적절하지 않은 것은?

① 적은 양의 눈이 내려도 바로 빙판길이 될 수 있기 때문에 자동차 간의 충돌, 추돌 또는 도로 이탈 등의 사고가 발생할 수 있다.
② 먼 거리에서는 도로의 노면이 평탄하고 안전해 보이지만 실제로는 빙판길인 구간이나 지점을 접할 수 있다.
③ 보행자의 경우 안전한 보행을 위하여 보행자가 확인하고 통행하여야 할 사항에 대한 집중력이 강화되어 사고위험이 감소하는 계절이다.
④ 한 해를 마무리하는 시기로 사람들의 마음이 바쁘고 들뜨기 쉬운 계절이다.

해설 날씨가 추워지면 집중력이 저하되어 안전한 보행을 위해 보행자가 확인하고 통행하여야 할 사항을 소홀히 하거나 생략하여 사고에 직면하기 쉽다.

정답 95 ④ 96 ④ 97 ③

4. 운송서비스

01. 올바른 서비스 제공을 위한 5요소는 밝은 표정, 단정한 용모와 복장, 공손한 인사, 친근한 말투, 따뜻한 응대이다.

02. 결점을 지적하는 행위는 기본예절에 어긋난다.
부득이하게 승객의 결점을 지적할 때에는 신중히 고려하여 진지하게 충고하고 격려하여야 한다.

03. 생계유지 수단적 직업관, 지위 지향적 직업관, 귀속, 차별, 폐쇄적 직업관은 잘못된 직업관이다.

04. 운행기록계와 속도제한장치 관련 기준은 자동차 및 자동차 부품의 성능과 기준에 관한 규칙에 규정되어 있다.

05. 전세버스의 앞바퀴는 재생타이어 사용이 불가하다.

06. 안전운행과 승객의 편의를 위해 안전에 위협이 되는 승객은 제지하고 계도해야 한다.

07. 여객의 안전과 사고예방을 위하여 운행 전 사업용 자동차의 안전설비 및 등화장치 등의 이상 유무를 확인해야 한다.

08. 장애인 보조견을 자동차 안으로 데리고 들어오는 경우 제지해서는 안 된다.

09. 전용운반상자에 넣은 애완동물은 탑승 가능하다.

10. 습관은 사회생활을 하게 되면서 생겨나는 조건반사 현상이다.

11. 앞 신호에 따라 진행하고 있는 차가 있는 경우에는 안전하게 통과하는 것을 확인하고 출발한다.

12. 야간에 커브 길을 진입하기 전에 상향등을 깜박거려 반대차로를 주행하고 있는 차에게 자신의 진입을 알린다.

13. 배차, 지시 및 전달사항은 운행 전에 미리 확인하여야 하는 사항이다.

14. 버스준공영제는 형태에 의해 노선, 수입금, 자동차 공동관리형으로 구분된다.

15. 버스준공영제는 대중교통 이용 활성화를 대목표로 하고, 버스 이미지 개선 및 시민 신뢰 확보를 위해 시행되고 있는 제도이다.

16. **버스요금체계의 유형**
    - **단일(균일)운임제** : 이용거리와 관계없이 일정하게 설정된 요금을 부과하는 요금체계이다.
    - **구역운임제** : 운행구간을 몇 개의 구역으로 나누어 구역별로 요금을 설정하고, 동일 구역 내에서는 균일하게 요금을 설정하는 요금체계이다.
    - **거리운임요율제(거리비례제)** : 단위거리당 요금(요율)과 이용거리를 곱해 요금을 산정하는 요금체계이다.

17. 버스관리시스템(BMS)은 각종 정보를 버스회사와 운수종사자에게 실시간으로 전송하여 안전도를 향상시키고 운행서비스의 질을 높이는 역할을 한다.

18. 버스정보시스템(BIS)는 버스와 정류장에 무선송수신기를 설치하여 버스의 위치를 실시간으로 파악하고, 이를 이용해 이용자에게 정류장에서 해당 노선버스의 도착예정시간을 안내하고 이와 동시에 인터넷 등을 통하여 운행정보를 제공하는 시스템이다.

19. **버스전용차로 설치 구간**
    - 대중교통 이용자들의 폭넓은 지지를 받는 구간
    - 전용차로를 설치하고자 하는 구간의 교통정체가 심한 곳
    - 버스통행량이 일정수준 이상이고, 1인 승차 승용차의 비중이 높은 구간
    - 편도 3차로 이상의 도로로 전용차로 설치에 문제가 없는 구간

20. **중앙버스전용차로의 장점**
    - 일반 차량과의 마찰을 최소화한다.
    - 교통정체가 심한 구간에서 더욱 효과적이다.
    - 대중교통의 통행속도 제고 및 정시성 확보가 유리하다.
    - 대중교통 이용자의 증가를 도모할 수 있다.
    - 가로변 상업활동이 보장된다.

21. IC카드의 종류 : 접촉, 비접촉, 하이브리드, 콤비

22. **교통카드 시스템**
    - **충전시스템** : 금액이 소진된 교통카드에 금액을 재충전하는 기능을 한다.
    - **중앙처리시스템** : 데이터를 중앙의 컴퓨터에서 집중적으로 처리하는 기능을 한다.
    - **집계시스템** : 단말기와 정산시스템을 연결하는 기능을 한다.
    - **단말기** : 카드인식, 정보처리, 킷값 관리, 정보저장장치로 구성

23. **교통사고 용어의 정의**
    - **전복사고** : 차가 주행 중 도로 또는 도로 이외의 장소에 뒤집혀 넘어진 것을 말한다.
    - **접촉사고** : 차가 추월, 교행 등을 하려다가 차의 좌우 측면을 서로 스친 것을 말한다.
    - **충돌사고** : 차가 반대방향 또는 측방에서 진입하여 그 차의 정면으로 다른 차의 정면 또는 측면을 충격한 것을 말한다.
    - **추돌사고** : 2대 이상의 차가 동일 방향으로 주행 중 뒤차가 앞차의 후면을 충격한 것을 말한다.

24. 인공호흡과 흉부압박법을 동시에 시행하는 응급처치방법을 심폐소생술이라 한다.

25. 심폐소생술 시술 시 가슴압박 30회와 인공호흡 2회를 반복한다.

26. 재난으로 인해 운행이 불가능하게 된 경우에는 신속히 승객을 대피시켜야 한다. 차 앞에서 구조를 기다리는 경우 2차사고 발생 시 인명피해의 우려가 있다.

문제 01 올바른 서비스 제공을 위한 요소가 아닌 것은?

① 밝은 표정
② 단정한 용모와 복장
③ 공손한 인사
④ 퉁명스런 말투

해설 올바른 서비스 제공을 위한 5요소는 밝은 표정, 단정한 용모와 복장, 공손한 인사, 친근한 말투, 따뜻한 응대이다.

문제 02 올바른 고객서비스 제공을 위한 기본요소가 아닌 것은?

① 따뜻한 응대
② 과묵한 표정
③ 단정한 용모 및 복장
④ 공손한 인사

해설 표정은 밝게 한다.

문제 03 고객서비스의 특징 중 무형성에 대한 설명으로 바르지 못한 것은?

① 서비스를 측정하기는 어렵지만 누구나 느낄 수 있다.
② 서비스는 공급자에 의해 제공됨과 동시에 승객에 의해 소비된다.
③ 버스 승차를 경험한 이후 서비스에 대한 질적 수준을 인지할 수 있다.
④ 운송서비스 수준은 버스의 운행횟수, 운행시간, 차종, 목적지 도착시간 등의 영향을 받을 수 있다.

해설 제공됨과 동시에 소비되는 것은 동시성에 대한 설명이다.

정답 01 ④ 02 ② 03 ②

문제 04 승객만족의 개념 및 중요성에 대한 설명으로 옳지 않은 것은?

① 승객만족이란 승객의 기대에 부응하는 양질의 서비스를 제공하여 승객이 만족감을 느끼게 하는 것이다.
② 지속적인 서비스 교육 시행 등 승객을 만족시키기 위한 분위기 조성은 경영자의 몫이다.
③ 실제로 승객을 상대하고 승객을 만족시키는 사람은 승객과 접촉하는 최일선의 운전자이다.
④ 승객이 느끼는 일부 운전자에 대한 불만족은 회사 전체 평가에는 크게 영향을 미치지 않는다.

해설 100명의 운수종사자 중 99명의 운수종사자가 바람직한 서비스를 제공한다 하더라도 승객이 접해본 단 한 명이 불만족스러웠다면 승객은 그 한 명을 통하여 회사 전체를 평가하게 된다.

문제 05 다음 중 일반적인 승객의 욕구와 거리가 먼 것은?

① 편안해지고 싶어한다.
② 관심을 받고 싶어한다.
③ 독특한 사람으로 인식되고 싶어한다.
④ 기대와 욕구를 수용하고 인정받고 싶어한다.

해설 관심을 받고 싶어하지만 독특한 사람으로 인식되고 싶어지는 않는다.

문제 06 승객만족을 위한 기본예절에 대해 설명한 것으로 맞지 않는 것은?

① 변함없는 진실한 마음으로 승객을 대한다.
② 승객의 입장을 이해하고 존중한다.
③ 승객의 여건, 능력, 개인차를 인정하고 배려한다.
④ 승객의 결점이 발견되면 바로 지적한다.

해설 승객의 결점을 지적할 때에는 신중히 고려하여 진지하게 충고하고 격려하여야 한다.

정답 04 ④ 05 ③ 06 ④

문제 07 승객만족을 위한 기본예절이라고 볼 수 없는 것은?

① 승객의 입장을 이해하고 존중하는 것
② 인간관계에서 지켜야 할 도리
③ 승객의 결점을 지적하는 행위
④ 진실된 마음으로 승객을 대하는 것

해설 결점을 지적하는 행위는 기본예절에 어긋난다.

문제 08 승객을 위해서는 이미지 관리도 매우 중요하다. 이에 대한 설명으로 적절하지 않은 것은?

① 이미지란 개인의 사고방식, 생김새, 태도 등에 대해 상대방이 갖는 느낌이다.
② 의도적으로 긍정적인 이미지를 만들어야 한다.
③ 개인의 이미지는 본인에 의해 결정되는 것이다.
④ 이미지는 상대방이 보고 느낀 것에 의해 결정된다.

해설 개인의 이미지는 상대방에 의해 결정된다.

문제 09 승객에게 불쾌감을 주는 몸가짐과 거리가 먼 것은?

① 품위 있는 자세
② 지저분한 손톱
③ 정리되지 않은 덥수룩한 수염
④ 잠잔 흔적이 남아 있는 머릿결

해설 품위있는 자세는 승객의 기분을 좋게 해주는 몸가짐이다.

문제 10 승객과의 대화 시 주의사항으로 옳지 않은 것은?

① 도전적으로 말하는 태도나 버릇은 조심한다.
② 감정을 충분히 표현해 언성을 높인다.
③ 일부분을 보고 전체를 속단하여 말하지 않는다.
④ 상대방의 말을 도중에 분별없이 차단하지 않는다.

해설 언성을 높여서는 안 된다.

정답 07 ③ 08 ③ 09 ① 10 ②

문제 11. 다음 중 올바른 직업윤리는?

① 직업생활의 최고 목표는 높은 지위에 올라가는 것이다.
② 사회봉사보다 자아실현이 중요하다.
③ 자신의 직업에 긍지를 느끼며 그 일에 열과 성을 다한다.
④ 직업에 대해 차별의식을 지닌다.

해설 생계유지 수단적 직업관, 지위 지향적 직업관, 귀속, 차별, 폐쇄적 직업관은 잘못된 직업관이다.

문제 12. 운송사업용 자동차의 운행기록계와 속도제한장치 관련 기준을 규정하고 있는 법규는?

① 자동차 및 자동차부품의 성능과 기준에 관한 규칙
② 교통 안전진단 지침
③ 교통 안전관리 지침
④ 도로교통법 시행규칙

해설 운행기록계와 속도제한장치 관련 기준은 자동차 및 자동차 부품의 성능과 기준에 관한 규칙에 규정되어 있다.

문제 13. 자동차의 장치 및 설비 등에 관한 준수사항 중에서 옳지 않은 것은?

① 전세버스의 앞바퀴는 재생한 타이어를 사용해서는 안 된다.
② 전세버스, 시외우등고속버스, 시외고속버스 및 시외직행버스의 앞바퀴의 타이어는 튜브리스 타이어를 사용해야 한다.
③ 노선버스의 차체에는 행선지를 표시할 수 있는 설비를 설치해야 한다.
④ 13세 미만의 어린이의 통학을 위하여 학교 및 보육시설의 장과 운송계약을 체결하고 운행하는 전세버스의 경우에는 「교통안전법」에 따라 어린이통학버스의 신고를 하여야 한다.

해설 13세 미만의 어린이의 통학을 위하여 학교 및 보육시설의 장과 운송계약을 체결하고 운행하는 전세버스의 경우에는 「도로교통법」에 따라 어린이통학버스의 신고를 하여야 한다.

정답 11 ③ 12 ① 13 ④

문제 14 운수종사자의 준수사항이 아닌 것은?

① 승객의 안전과 사고예방을 위해 차량의 안전설비와 등화장치 등의 이상 유무를 확인한다.
② 어떠한 경우에도 운수종사자는 승객을 제지해서는 안 된다.
③ 사고로 운행을 중단할 때에는 사고 상황에 따라 적절한 조치를 취해야 한다.
④ 사고가 발생할 우려가 있다고 판단될 때에는 즉시 운행을 중지하고 적절한 조치를 취해야 한다.

해설 안전운행과 승객의 편의를 위해 안전에 위협이 되는 승객은 제지하고 계도해야 한다.

문제 15 운수종사자의 준수사항 중 여객의 안전과 사고예방을 위하여 운행 전 사업용 자동차의 이상 유무를 확인해야 하는 사항은?

① 불편사항 연락처 및 차고지 등을 적은 표지판
② 운행계통도
③ 등화장치
④ 운행시간표

해설 여객의 안전과 사고예방을 위하여 운행 전 사업용 자동차의 안전설비 및 등화장치 등의 이상 유무를 확인해야 한다.

문제 16 운수종사자는 안전운행과 다른 승객의 편의를 위하여 어떤 행위에 대하여 제지하고 필요한 사항을 안내해야 하는데, 다음 행위 중에서 제지할 수 없는 행위는?

① 폭발성 물질, 인화성 물질 등의 위험물을 자동차 안으로 가지고 들어오는 행위
② 전용 운반상자 없이 애완동물을 자동차 안으로 데리고 들어오는 행위
③ 자동차의 출입구를 막을 우려가 있는 물품을 자동차 안으로 가지고 들어오는 행위
④ 장애인 보조견을 자동차 안으로 데리고 들어오는 행위

해설 장애인 보조견을 자동차 안으로 데리고 들어오는 경우 제지해서는 안 된다.

정답   14 ②   15 ③   16 ④

문제 17 운수종사자가 지켜야 할 준수사항으로 옳지 않은 것은?

① 여객이 전용 운반 상자에 넣은 애완동물을 자동차 안으로 데리고 오는 경우 이를 제지하고 필요한 사항은 안내해야 한다.
② 여객자동차 운수사업법 시행규칙에 따라 운송사업자가 지시하는 사항을 따라야 한다.
③ 관계 공무원으로부터 운전면허증 등의 자격증 제시 요구를 받으면 즉시 따라야 한다.
④ 여객자동차 운송사업에 사용되는 자동차 안에서 담배를 피워서는 안 된다.

해설 전용운반상자에 넣은 애완동물은 탑승 가능하다.

문제 18 운전자의 인성과 습관이 운전예절에 미치는 요인에 관한 설명으로 옳지 않은 것은?

① 습관은 무조건반사로 나타나므로 위험하다.
② 올바른 운전습관은 다른 사람들에게 자신의 인격을 표현하는 하나의 방법이다.
③ 나쁜 운전습관이 몸에 배면 나중에 고치기 어렵게 되고, 이러한 잘못된 습관은 교통사고로 연결되기 쉽다.
④ 운전자는 각 개인이 지닌 사고, 태도, 인성의 영향을 받는다.

해설 습관은 사회생활을 하게 되면서 생겨나는 조건반사 현상이다.

문제 19 다음 중 운전자가 지켜야 할 행동으로 적절하지 않은 것은?

① 차로변경의 도움을 받았을 때에는 비상등을 2~3회 작동시켜 양보에 대한 고마움을 표현한다.
② 보행자가 통행하고 있는 횡단보도 내로 차가 진입하지 않도록 정지선을 지킨다.
③ 야간운행 중 반대차로에서 오는 차가 있으면 전조등을 하향 등으로 조정하여 상대 운전자의 눈부심 현상을 방지한다.
④ 앞 신호에 따라 진행하고 있는 차가 있을 때에는 앞차에 가까이 붙어 신속히 진행한다.

해설 앞 신호에 따라 진행하고 있는 차가 있는 경우에는 안전하게 통과하는 것을 확인하고 출발한다.

정답 17 ① 18 ① 19 ④

문제 20 전조등의 올바른 사용에 해당되지 않는 것은?

① 야간운전의 안전운행을 위하여 필요한 경우 상향등을 사용한다.
② 반대차로에 차가 있으면 상대 운전자의 안전을 위하여 전조등을 변환빔(하향 등)으로 조정한다.
③ 반대차로 운전자의 눈부심 현상 방지를 위하여 변환빔(하향등)으로 조정한다.
④ 야간에 커브 길을 진입하기 전에 반대차로의 차량 운행과 관계없이 상향등을 사용한다.

해설 야간에 커브 길을 진입하기 전에 상향등을 깜박거려 반대차로를 주행하고 있는 차에게 자신의 진입을 알린다.

문제 21 운전자가 삼가야 하는 행동을 기술한 것 중에서 올바르지 않은 것은?

① 신호등이 바뀌기 전에 빨리 출발하라고 전조등을 켰다 껐다를 하지 않는다.
② 운행 중에 갑자기 끼어들지 않는다.
③ 필요 시 과속으로 운행하며 급브레이크를 밟는다.
④ 경음기 버튼을 작동시켜 다른 운전자를 놀라게 하지 않는다.

해설 과속, 급브레이크는 올바르지 않은 행동이다.

문제 22 운전자가 취득한 운전면허로 운전할 수 있는 차종 이외의 차량은 운전을 금지하고 있다. 이와 같이 취득한 운전면허로 운전할 수 있는 차종을 규정해 놓은 법은?

① 교통안전법
② 자동차관리법
③ 여객자동차운수사업법
④ 도로교통법

해설 취득한 운전면허로 운전할 수 있는 차종을 규정해 놓은 법은 도로교통법이다.

정답 20 ④ 21 ③ 22 ④

문제 23 **다음 중 운전자의 주의사항으로 틀린 것은?**

① 사전승인 없이는 친구라도 승차시키는 행위는 금지한다.
② 철길 건널목에서는 일시정지하고 정차도 금지한다.
③ 자동차전용도로, 급한 경사길 등에서는 주·정차를 금지한다.
④ 도로가 정체되어 있는 경우에는 운행노선을 임의로 변경하여 운행한다.

해설 정당한 사유 없이 지시된 운행노선을 임의로 변경운행 해서는 안 된다.

문제 24 **운행 중 운전자의 주의사항으로 맞지 않은 것은?**

① 배차사항, 지시 및 전달사항 등을 확인한다.
② 후속 차량이 추월하는 경우에는 감속운행한다.
③ 눈길, 빙판길은 체인이나 스노타이어를 장착한 후 안전운행 한다.
④ 후진할 때에는 유도요원을 배치하여 수신호에 따라 후진한다.

해설 배차, 지시 및 전달사항은 운행 전에 미리 확인하여야 하는 사항이다.

문제 25 **운행 중 주의사항에 해당하지 않는 것은?**

① 내리막길에서 풋 브레이크를 장시간 사용하지 않고 엔진 브레이크 사용
② 차량이 추월하는 경우 감속 등 양보 운전
③ 후진 시 유도요원을 배치하여 수신호에 따라 안전하게 후진
④ 차량 없는 도로에서 신속한 승객수송을 위한 과속운전

해설 과속운전은 해서는 안 된다.

정답   23 ④   24 ①   25 ④

문제 26 **버스준공영제의 유형 중 형태에 의한 분류에 해당하지 않는 것은?**
① 노선 공동관리형
② 차고지 공동관리형
③ 수입금 공동관리형
④ 자동차 공동관리형

해설 버스준공영제는 형태에 의해 노선, 수입금, 자동차 공동관리형으로 구분된다.

문제 27 **버스준공영제를 시행하는 목적에 부합되지 않는 것은?**
① 여객자동차 운송사업의 합병
② 대중교통 이용 활성화
③ 수입금의 투명한 관리를 통한 시민 신뢰 확보
④ 버스에 대한 이미지 개선

해설 버스준공영제는 대중교통 이용 활성화를 대목표로 하고, 버스 이미지 개선 및 시민 신뢰 확보를 위해 시행되고 있는 제도이다.

문제 28 **운수사업자가 자율적으로 요금을 정하는 운송사업은?**
① 시내버스운송사업
② 전세버스운송사업
③ 시외버스운송사업
④ 농어촌버스운송사업

해설 전세버스와 특수여객은 자율적으로 요금을 결정한다.

정답 26 ② 27 ① 28 ②

문제 29 다음 중 이용거리가 증가함에 따라 단위당 운임이 낮아지는 버스요금체계를 무엇이라 하는가?

① 거리운임요율제
② 거리비례제
③ 장거리체감제
④ 거리체증제

해설 버스요금체계의 유형
- **단일(균일)운임제** : 이용거리와 관계없이 일정하게 설정된 요금을 부과하는 요금체계이다.
- **구역운임제** : 운행구간을 몇 개의 구역으로 나누어 구역별로 요금을 설정하고, 동일 구역 내에서는 균일하게 요금을 설정하는 요금체계이다.
- **거리운임요율제(거리비례제)** : 단위거리당 요금(요율)과 이용거리를 곱해 요금을 산정하는 요금체계이다.

문제 30 업종별 요금체계가 바르게 연결되지 않은 것은?

① 고속버스 – 거리체감제
② 전세버스 – 자율요금제
③ 특수여객 – 단일운임제
④ 농어촌버스 – 단일운임제

해설 전세버스와 특수여객은 자율요금제를 채택하고 있다.

문제 31 간선급행버스체계(BRT)의 도입효과로 거리가 먼 것은?

① 환경오염 급감
② 버스운행정보 실시간 제공
③ 교통사고 감소
④ 신속성 및 정시성 향상

해설 BRT 도입으로 사고가 감소하는 효과는 미미하다.

정답 29 ③ 30 ③ 31 ③

문제 32 **다음 중 간선급행버스체계의 특성이 아닌 것은?**
① 효율적인 사전 요금징수 시스템 채택
② 신속한 승·하차 가능
③ 정류장 금연구역 단속 및 안내
④ 중앙버스전용차로와 같은 분리된 버스전용차로 제공

해설 정류장 금연구역의 단속과 안내 등은 버스체계의 특성과 관련이 없다.

문제 33 **간선급행버스체계(BRT)의 운영을 위한 구성요소가 아닌 것은?**
① 환승시스템
② 운행관리시스템
③ 지능형 교통시스템
④ 단일요금체계

해설 간선급행버스체계의 요금체계는 단일요금체계가 아니다.

문제 34 **차내 장치를 설치한 버스와 종합사령실을 유무선 네트워크로 연결해 버스의 위치나 사고정보 등을 버스회사와 운수종사자에게 실시간으로 전송하는 시스템을 무엇이라 하는가?**
① ITS(지능형 교통시스템)
② ATMS(첨단교통관리시스템)
③ BMS(버스관리시스템)
④ BIS(버스정보시스템)

해설 버스관리시스템은 각종 정보를 버스회사와 운수종사자에게 실시간으로 전송하여 안전도를 향상시키고 운행서비스의 질을 높이는 역할을 한다.

정답 32 ③ 33 ④ 34 ③

문제 35 버스와 정류장에 무선 송수신기를 설치하여 버스의 위치를 실시간으로 파악하고, 이를 이용해 이용자에게 실시간으로 버스운행정보를 제공하는 것은?

① 교통카드시스템
② 자동차관리정보시스템(VMIS)
③ 지능형 교통시스템(ITS)
④ 버스정보시스템(BIS)

해설 BIS는 버스와 정류장에 무선송수신기를 설치하여 버스의 위치를 실시간으로 파악하고, 이를 이용해 이용자에게 정류장에서 해당 노선버스의 도착예정시간을 안내하고 이와 동시에 인터넷 등을 통하여 운행정보를 제공하는 시스템이다.

문제 36 다음 중 버스운행관리시스템(BMS)의 운영과 거리가 먼 것은?

① 버스이용자에게 운행정보를 제공함으로써 버스의 활성화를 도모할 수 있다.
② 관계기관, 버스회사, 운수종사자를 대상으로 정시성을 확보할 수 있다.
③ 버스운행관리센터, 버스회사에서 버스운행 상황과 사고 등 돌발상황을 감지할 수 있다.
④ 버스운행관제, 운행상태 등 버스정책 수립 등을 위한 기초자료를 획득할 수 있다.

해설 버스이용자에게 운행정보를 제공함으로써 버스의 활성화를 도모하는 것은 버스정보시스템(BIS)이다.

문제 37 버스운행관리시스템의 기대효과 중 이용주체가 다른 하나는?

① 버스도착 예정시간 사전확인
② 운행정보 인지로 정시 운행
③ 앞·뒤차 간의 간격인지로 차 간 간격조정 운행
④ 운행상태 완전노출로 운행질서 확립

해설 버스도착 예정시간 사전확인은 이용자(승객)의 기대효과이다.

정답 35 ④ 36 ① 37 ①

문제 38 버스전용차로 설치에 있어 적절하지 않은 것은?

① 대중교통 이용자들의 폭넓은 지지를 받는 구간
② 전용차로를 설치하고자 하는 구간의 교통정체가 심한 곳
③ 버스통행량이 일정수준 이상이고, 1인 승차 승용차의 비중이 높은 구간
④ 편도 7차로 이상의 도로로 전용차로 설치에 문제가 없는 구간

해설 편도 3차로 이상의 도로로 기하구조가 전용차로를 설치하기 적당한 구간에 설치한다.

문제 39 도로 중앙에 설치된 중앙버스전용차로에 대한 설명으로 옳지 않은 것은?

① 일반 차량의 중앙버스전용차로 이용 및 주·정차를 막을 수 있어 차량의 운행속도 향상에 도움이 된다.
② 버스의 잦은 정류장 또는 정류소의 정차 및 갑작스런 차로 변경은 다른 차량의 교통흐름을 단절시키거나 사고위험을 초래할 수 있다.
③ 버스의 운행속도를 높이는 데 도움이 되며, 승용차를 포함한 다른 차량들은 버스의 정차로 인한 불편을 피할 수 있다.
④ 일반 차량과 반대방향으로 운영하기 때문에 차로분리 안내시설 등의 설치가 필요하다.

해설 일반 차량과 반대방향으로 운영하는 버스전용차로는 역류버스전용차로라 부른다.

문제 40 다음 중 중앙버스전용차로의 장점에 대한 설명으로 옳은 것은?

① 여러 가지 안전시설을 활용할 수 있어 비용이 든다.
② 정체가 심한 구간에서 더욱 효과적이다.
③ 승용차 이용자의 증가를 도모할 수 있다.
④ 가로변 상업활동이 위축된다.

해설 **중앙버스전용차로의 장점**
- 일반 차량과의 마찰을 최소화한다.
- 교통정체가 심한 구간에서 더욱 효과적이다.
- 대중교통의 통행속도 제고 및 정시성 확보가 유리하다.
- 대중교통 이용자의 증가를 도모할 수 있다.
- 가로변 상업활동이 보장된다.

정답 38 ④ 30 ④ 40 ②

문제 41 다음 중 가로변버스전용차로의 특징으로 볼 수 없는 것은?
① 버스전용차로를 가로변에 설치하므로 버스의 신속성 확보에 매우 유리하다.
② 종일 또는 출·퇴근 시간대 등을 지정하여 탄력적으로 운영할 수 있다.
③ 버스전용차로 운영시간대에는 가로변의 주·정차를 금지해야 한다.
④ 우회전하는 차량을 위해 교차로 부근에서는 일반차량의 버스전용차로 이용을 허용해야 한다.

해설 전용차로가 가로변에 설치되면 상대적으로 신속성 확보에 불리하다. 신속성 확보에는 중앙버스전용차로가 유리하다.

문제 42 교통카드 중에서 IC카드에 해당되지 않는 것은?
① 접촉식   ② 비접촉식
③ 하이브리드방식   ④ 마그네틱방식

해설 IC카드의 종류 : 접촉, 비접촉, 하이브리드, 콤비

문제 43 교통카드시스템 구성 중 단말기의 구조장치에 해당하지 않는 것은?
① 카드인식장치   ② 전원공급장치
③ 정보처리장치   ④ 킷값 관리장치

해설 단말기는 카드인식, 정보처리, 킷값 관리, 정보저장장치로 구성된다.

문제 44 교통카드시스템의 집계시스템에 대한 설명으로 맞는 것은?
① 금액이 소진된 교통카드에 금액을 재충전하는 방식이다.
② 거래기록을 수집, 정산처리하고 결과를 은행으로 전송한다.
③ 단말기와 정산시스템을 연결하는 기능을 한다.
④ 충전시스템과 전화선으로 정산센터와 연계한다.

해설 집계시스템은 단말기와 정산시스템을 연결한다.

정답 41 ① 42 ④ 43 ② 44 ③

문제 45 처리된 모든 거래기록을 데이터베이스화하는 기능을 가진 시스템은?

① 정산시스템　　　　　　　② 충전시스템
③ 중앙처리시스템　　　　　④ 집계시스템

> **해설**　교통카드 시스템
> •**충전시스템** : 금액이 소진된 교통카드에 금액을 재충전하는 기능을 한다.
> •**중앙처리시스템** : 데이터를 중앙의 컴퓨터에서 집중적으로 처리하는 기능을 한다.
> •**집계시스템** : 단말기와 정산시스템을 연결하는 기능을 한다.

문제 46 교통사고 조사규칙에 따른 교통사고의 용어에 대한 설명으로 잘못된 것은?

① 전복사고는 차가 주행 중 도로 또는 도로 이외의 장소로 뒤집혀 넘어진 사고를 말한다.
② 접촉사고는 차가 추월, 교행 등을 하려다가 차의 좌우 측면을 서로 스친 사고를 말한다.
③ 충돌사고 차가 반대방향 또는 측방에서 진입하여 그 차의 정면으로 다른 차의 정면 또는 측면을 충격한 사고를 말한다.
④ 추돌사고는 진행하는 차량의 측면을 충격한 사고를 말한다.

> **해설**　교통사고 용어의 정의
> •**전복사고** : 차가 주행 중 도로 또는 도로 이외의 장소에 뒤집혀 넘어진 것을 말한다.
> •**접촉사고** : 차가 추월, 교행 등을 하려다가 차의 좌우 측면을 서로 스친 것을 말한다.
> •**충돌사고** : 차가 반대방향 또는 측방에서 진입하여 그 차의 정면으로 다른 차의 정면 또는 측면을 충격한 것을 말한다.
> •**추돌사고** : 2대 이상의 차가 동일 방향으로 주행 중 뒤차가 앞차의 후면을 충격한 것을 말한다.

문제 47 교통사고 현장에서의 안전조치에 해당하지 않는 것은?

① 전문가의 도움이 필요한 경우 신속한 도움을 요청한다.
② 경미한 사고인 경우 사고위치에서 신속히 벗어난다.
③ 사고위치에서 노면표시를 한 후 도로 가장자리로 자동차를 이동시킨다.
④ 피해자를 위험으로부터 보호하거나 피신시킨다.

> **해설**　경미한 사고인 경우라면 굳이 신속히 이탈하지 않아도 된다.

정답　45 ①　46 ④　47 ②

문제 48 사고현장의 측정 및 사진촬영을 위해 확인해야 할 사항이 아닌 것은?

① 목격자에 대한 사고 상황
② 사고지점의 위치
③ 사고현장에 대한 가로방향 및 세로방향의 길이
④ 차량 및 노면에 나타나는 물리적 흔적 및 시설물 등의 위치

해설 목격자에 대한 사고 상황조사는 사고당사자 및 목격자 조사 시에 확인해야 할 일이다.

문제 49 심장의 기능이 정지하거나 호흡이 멈추었을 때에 인공호흡과 흉부압박을 지속적으로 시행하는 응급처치방법은?

① 쇼크증상처치　　② 심폐소생술
③ 인공호흡법　　　④ 심장마사지법

해설 인공호흡과 흉부압박법을 동시에 시행하는 응급처치방법을 심폐소생술이라 한다.

문제 50 버스에서 발생하기 쉬운 사고유형과 대책에 대한 설명으로 부적절한 것은?

① 버스에서는 차내 전도사고가 절대다수를 차지한다.
② 버스는 불특정 다수를 수송하기 때문에 대형사고의 발생확률이 높다.
③ 대형 차량으로 교통사고 발생 시 인명피해가 크다.
④ 일반차량에 비해 운행거리 및 운행시간이 길어 사고의 발생 확률이 높다.

해설 차내 전도사고는 전체 버스사고의 약 30%로 절대다수를 차지한다고 볼 수는 없다.

문제 51 심폐소생술을 실시할 경우 가슴압박과 인공호흡의 적절한 비율은?

① 30 : 8　　② 30 : 4　　③ 30 : 2　　④ 30 : 1

해설 심폐소생술 시술 시 가슴압박 30회와 인공호흡 2회를 반복한다.

정답 48 ① 49 ② 50 ① 51 ③

문제 52 심폐소생술의 방법으로 옳지 않은 것은?

① 의식을 확인할 때 성인의 경우 양쪽 어깨를 가볍게 두드리며 "괜찮으세요?"라고 말한 후 반응을 확인한다.
② 머리를 젖히고 턱을 들어올려 기도를 확보한다.
③ 인공호흡을 가슴이 충분히 올라올 정도로 1회당 1초간 2회 실시한다.
④ 20회의 가슴압박과 2회의 인공호흡을 반복한다.

해설 30회 가슴압박과 2회 인공호흡을 반복한다.

문제 53 교통사고 발생 시 운전자의 조치사항으로 버스회사, 보험사 또는 경찰 등에 연락할 때 우선적 연락해야 할 사항과 거리가 먼 것은?

① 사고 발생지점 및 상태
② 도로 및 시설물의 결함
③ 운전자 성명
④ 부상 정도 및 부상자 수

해설 탈출하여 인명을 구조함으로써 생명을 구하는 것이 가장 우선이고, 그 다음 후방방호, 연락의 순으로 조치한다. 도로 및 시설물의 결함은 우선적 연락사항과 거리가 멀다.

문제 54 재난 발생 시 운전자의 조치사항으로 부적절한 것은?

① 승객의 안전조치를 우선으로 한다.
② 신속하게 차량을 안전지대로 이동시킨다.
③ 즉각 회사 및 유관기관에 보고한다.
④ 어떠한 경우라도 승객을 하차시켜서는 안 된다.

해설 재난으로 인해 운행이 불가능하게 된 경우에는 신속히 승객을 대피시켜야 한다.

정답 52 ④ 53 ② 54 ④

문제 55 **폭설 및 폭우로 운행이 불가능하게 된 경우의 조치사항으로 부적절한 것은?**

① 차량 내 이상 여부를 확인한다.
② 업체에 현재 위치를 알린다.
③ 신속하게 안전지대로 차량을 이동시킨다.
④ 차 앞에서 구조를 기다린다.

해설 차 앞에서 구조를 기다리는 경우 2차사고 발생 시 인명피해의 우려가 있다.

정답 55 ④

PART 02

실전모의고사

1. 실전모의고사 1회
2. 실전모의고사 2회
3. 실전모의고사 3회
4. 실전모의고사 4회
5. 실전모의고사 5회

동영상 강의

인터넷 카페
www.truckbustaxi.com

01 실전모의고사 1회

문제 01 노선에 대한 정의로 맞는 것은?
① 자동차를 정기적으로 운행하거나 운행하려는 구간
② 자동차를 임시적으로 운행하거나 운행하려는 구간
③ 자동차를 정기적으로 주차하려는 시점이나 종점
④ 자동차를 임시적으로 주차하려는 시점이나 종점

문제 02 밤에 고장이나 그 밖의 사유로 고속도로 등에서 자동차를 운행할 수 없게 되었을 때 고장자동차의 표지를 설치해야 하는 지점은?
① 자동차로부터 200m 이상 뒤쪽
② 자동차로부터 150m 뒤쪽
③ 자동차로부터 100m 뒤쪽
④ 자동차로부터 50m 이하 뒤쪽

문제 03 다음 중 보행자의 도로횡단 방법으로 올바르지 않은 것은?
① 보행자는 횡단보도, 지하도 그 밖의 도로 횡단시설이 설치되어 있는 도로에서는 그 곳으로 횡단하여야 한다.
② 보행자는 횡단보도가 설치되어 있지 아니한 도로에서는 가장 짧은 거리로 횡단하여야 한다.
③ 보행자는 모든 차의 바로 앞이나 뒤로 횡단하여서는 아니 된다.
④ 보행자는 안전표지 등에 의하여 횡단이 금지되어 있는 도로의 부분에서는 자신의 판단에 따라 횡단하여도 된다.

문제 04 신호등 없는 교차로 통행 시 교통사고를 일으킬 수 있는 운전자의 일반적인 과실이 아닌 것은?

① 선진입 차량에게 진로를 양보하지 않는 경우
② 교통이 빈번한 곳을 통행하면서 일시정지하지 않고 통행하는 경우
③ 통행우선권이 있는 차량에게 양보하지 않고 통행하는 경우
④ 차량 양보표지가 설치된 곳에서 이를 무시하지 않고 지키며 통행하는 경우

문제 05 제작연도에 등록되지 아니한 여객자동차의 차량충당연한의 기산일은?

① 최초의 신규등록일
② 제작연도의 말일
③ 차량 출고일
④ 보험 개시일

문제 06 교통사고처리특례법의 적용에 대한 설명으로 옳지 않은 것은?

① 차의 교통으로 인한 사고가 발생하여 운전자를 형사 처벌하여야 하는 경우에 적용
② 인적 피해를 야기한 경우에는 형법 제268조에 따른 업무상과실치사상죄 또는 중과실치사상죄를 적용
③ 물적 피해를 야기한 경우에는 도로교통법 제151조의 과실재물손괴죄를 적용
④ 사람이 건물, 육교 등에서 추락하여 운행 중인 차량과 충돌 또는 접촉하여 사상한 경우 적용

문제 07 다음 중 교통사고처리특례법 적용 시 특례 예외 단서조항의 사고가 아닌 것은?

① 단순 추돌 사고 + 인명피해
② 횡단, 유턴 또는 후진 중 사고 + 인명피해
③ 승객추락방지의무 위반사고 + 인명피해
④ 어린이 보호구역 내 어린이 보호의무 위반사고 + 인명피해

문제 08 안전거리 미확보 사고의 성립요건에 해당되는 것은?

① 앞차가 후진하는 경우
② 앞차가 고의로 급정지하는 경우
③ 앞차가 의도적으로 급정지하는 경우
④ 뒤차가 안전거리 미확보하여 앞차를 추돌한 경우

문제 09 전자감응장치, 압력감지기 또는 가속페달 잠금장치를 설치하고 운영하여야 하는 운송사업자가 아닌 것은?

① 시내버스
② 마을버스
③ 농어촌버스
④ 전세버스

문제 10 특수여객자동차 운송사업용 자동차의 표시는?

① 일반
② 장의
③ 전세
④ 한정

문제 11 도로교통법령상 승합자동차가 고속도로에서 안전거리 미확보 시 범칙금액은?

① 20만 원
② 10만 원
③ 5만 원
④ 3만 원

문제 12 다음 중 승합자동차의 철길건널목 통과방법 위반에 따른 행정처분은?

① 범칙금 6만 원, 벌점 15점
② 범칙금 7만 원, 벌점 30점
③ 범칙금 9만 원, 벌점 10점
④ 범칙금 10만 원, 벌점 30점

문제 13 승차정원 16인 이상의 승합자동차를 운전할 수 있는 운전면허의 종류는?

① 제1종 대형면허
② 제1종 보통면허
③ 제1종 특수면허
④ 제2종 보통면허

문제 14 시외우등고속버스에 사용되는 자동차는 원동기 출력이 자동차 총중량 1톤당 몇 마력 이상이어야 하는가?

① 20마력
② 10마력
③ 5마력
④ 1마력

문제 15 다음 중 일시정지의 의미를 잘 설명하고 있는 것은?

① 차가 즉시 정지할 수 있는 느린 속도로 진행하는 것을 의미
② 반드시 차가 멈추어야 하되, 얼마간의 시간 동안 정지상태를 유지하는 교통상황의 의미
③ 반드시 차가 일시적으로 그 바퀴를 완전히 멈추어야 하는 행위 자체에 대한 의미
④ 자동차가 완전히 멈추는 상태를 의미

문제 16 차량 신호등 중 녹색의 등화에 대한 의미로 옳지 않은 것은?

① 차마는 정지선 직전에서 정지하여야 한다.
② 차마는 직진할 수 있다.
③ 차마는 우회전할 수 있다.
④ 비보호좌회전표시가 있는 곳에서는 좌회전할 수 있다.

문제 17 안전운전 불이행 사고로 볼 수 있는 것은?

① 차량 정비 중 안전부주의로 피해를 입은 경우
② 보행자가 고속도로나 자동차전용도로에 진입하여 통행한 경우
③ 차내 대화 등으로 운전을 부주의한 경우
④ 1차 사고에 이은 불가항력적인 2차 사고

문제 18 어린이 통학버스의 색상으로 맞는 것은?

① 황색
② 흰색
③ 적색
④ 청색

문제 19 진로변경사고의 성립요건에 해당되는 것은?

① 동일 방향 앞·뒤 차량으로 진행하던 중 앞차가 차로를 변경하는데 뒤차도 따라 차로를 변경하다가 앞차를 추돌한 경우
② 장시간 주차하다가 막연히 출발하여 좌측 면에서 차로 변경 중인 차량의 후면을 추돌한 경우
③ 차로 변경 후 상당 구간 진행 중인 차량을 뒤차가 추돌한 경우
④ 사고 차량이 차로를 변경하면서 변경방향 차로 후방에서 진행하는 차량의 진로를 방해한 경우

문제 20 처벌벌점 또는 1년간 누산점수 초과로 운전면허의 취소처분 시 감경 사유에 해당하는 사람은 처분벌점 또는 누산점수를 몇 점으로 감경하여 주는가?

① 120점
② 110점
③ 90점
④ 60점

문제 21 도로교통법상 긴급자동차에 대한 특례에 해당하지 않는 것은?

① 도로구조물의 파손
② 자동차의 속도 제한(긴급자동차에 대하여 속도를 제한하는 경우는 제외)
③ 앞지르기 금지의 시기 및 장소
④ 끼어들기의 금지

문제 22 운전업무와 관련하여 버스운전자격증을 타인에게 대여한 경우 운전자격 처분기준은?

① 자격정지 30일
② 자격정지 90일
③ 자격정지 180일
④ 자격취소

문제 23 다음 중 교통조사관이 교통사고로 처리하는 사고의 경우는?

① 자살, 자해 행위로 인정되는 경우
② 확정적 고의에 의하여 타인을 사상한 경우
③ 건조물 등이 떨어져 운전자 또는 동승자가 사상한 경우
④ 술취한 사람이 도로에 누워있다 사상된 경우

문제 24 다음 설명 중 현장참여교육에 해당하는 것은?

① 법규준수교육을 받은 사람이 교통안전을 위한 활동에 실제로 참여하여 체험하도록 하는 교육
② 벌점감경교육을 받은 사람이 교통안전을 위한 활동에 실제로 참여하여 체험하도록 하는 교육
③ 배려운전교육을 받은 사람이 교통안전을 위한 활동에 실제로 참여하여 체험하도록 하는 교육
④ 교통위반으로 단속된 사람이 교통안전을 위한 활동에 실제로 참여하여 체험하도록 하는 교육

문제 25 도로의 통행방법, 통행구분 등 도로교통의 안전을 위하여 필요한 지시를 하는 경우에 도로사용자가 이에 따르도록 알리는 표지는?

① 주의표지
② 규제표지
③ 보조표지
④ 지시표지

문제 26 배터리의 충전 및 방전상태를 나타내는 계기장치는?

① 수온계
② 연료계
③ 전압계
④ 엔진오일압력계

문제 27 자동차 계기판에서 연료탱크에 남아 있는 연료의 잔류량을 나타내는 것은?

① 전압계
② 연료계
③ 충전계
④ 급유계

문제 28 책임보험이나 책임공제에 미가입한 1대의 자동차에 부과할 과태료의 최고 한도 금액은?

① 10만 원
② 100만 원
③ 200만 원
④ 300만 원

문제 29 압축천연가스 자동차의 가스 공급라인에서 가스가 누출될 때의 조치요령으로 옳지 않은 것은?

① 자동차 부근으로 화기 접근을 금지한다.
② 탑승하고 있는 승객은 안전한 곳으로 대피시킨다.
③ 가스공급라인의 몸체가 파열된 경우 용접하여 재사용한다.
④ 누설 부위를 비눗물 또는 가스검진기로 확인한다.

문제 30 자동차 조향장치가 갖추어야 할 구비조건에 해당되지 않는 것은?

① 조향 핸들의 회전과 바퀴의 선회 차이가 커야 한다.
② 조향 조작이 주행 중의 충격에 영향을 받지 않아야 한다.
③ 조작이 쉽고, 방향 전환이 원활하게 이루어져야 한다.
④ 수명이 길고 정비하기 쉬워야 한다.

문제 31 스프링의 종류에 해당되지 않는 것은?

① 판 스프링
② 코일 스프링
③ 토션바 스프링
④ 압력 스프링

문제 32 레이디얼 타이어의 특성이 아닌 것은?

① 접지면적이 크다.
② 회전할 때에 구심력이 좋다.
③ 충격을 흡수하는 성능이 좋아 승차감이 좋다.
④ 고속으로 주행할 때에는 안정성이 크다.

문제 33 엔진 오버히트가 발생할 때의 안전조치 요령이 아닌 것은?

① 여름에는 에어컨, 겨울에는 히터의 작동을 중지시킨다.
② 엔진이 과열되어 냉각수가 부족한 경우 차가운 냉각수를 공급한다.
③ 엔진이 작동하는 상태에서 보닛(Bonnet)을 열어 엔진을 냉각시킨다.
④ 엔진을 충분히 냉각시킨 다음에는 냉각수의 양 점검, 라디에이터 호스 연결부위 등의 누수 여부 등을 확인한다.

문제 34 자동차가 고속 대형화됨에 따라 주 브레이크를 계속 사용하면 베이퍼 록이나 페이드 현상이 발생할 가능성이 높아지므로 감속(보조) 브레이크를 적절히 사용할 필요가 있다. 감속 브레이크에 해당하는 것은?

① 풋 브레이크
② 배기 브레이크
③ 주차 브레이크
④ 드럼 브레이크

문제 35 자동차 내장을 세척할 때 사용하면 변색되거나 손상을 줄 수 있는 것이 아닌 것은?

① 아세톤
② 에나멜
③ 표백제
④ 물수건

문제 36 다음은 안전벨트 착용방법에 대한 설명이다. 가장 적절한 방법은?

① 안전벨트의 보호효과 증대를 위해 별도의 보조장치를 장착한다.
② 어깨벨트는 어깨 위와 목 부위를 지나도록 한다.
③ 허리벨트는 복부 부위를 지나도록 한다.
④ 허리벨트는 골반 위를 지나 엉덩이 부위를 지나도록 한다.

문제 37 공기식 브레이크의 구성품 중 공기 탱크 내의 압력이 규정 값이 되었을 때 밸브를 닫아 탱크 내의 공기가 새지 않도록 하는 것은?

① 브레이크 밸브　　　　② 릴레이 밸브
③ 체크 밸브　　　　　　④ 퀵 릴리스 밸브

문제 38 천연가스를 고압으로 압축하여 고압 압력용기에 저장한 기체상태의 연료는?

① 압축순환가스　　　　② 액상정제가스
③ 압축천연가스　　　　④ 압력천연가스

문제 39 고속도로를 운행할 때 자동차의 안전운행 요령으로 적합하지 않은 것은?

① 연료, 냉각수, 엔진오일, 각종 벨트, 타이어 공기압 등을 운행 전에 점검한다.
② 터널의 출구 부분을 나올 때에는 속도를 줄인다.
③ 고속도로를 벗어날 경우 미리 출구를 확인하고 방향지시등을 작동시킨다.
④ 고속도로에서 운행할 때에는 풋 브레이크만 사용하여야 한다.

문제 40 사업용 자동차의 차령을 연장하고자 할 때 시행하는 검사 종류는?

① 불시검사　　　　　　② 임시검사
③ 튜닝검사　　　　　　④ 신규검사

문제 41 비가 자주 오거나 습도가 높은 날 브레이크 드럼에 미세한 녹이 발생하고 마찰 계수가 높아져 평소보다 브레이크가 지나치게 예민하게 작동하는 현상은?

① 모닝 록(Morning Lock) 현상
② 베이퍼 록(Vapor Lock) 현상
③ 수막(Hydroplaning) 현상
④ 스탠딩웨이브(Standing Wave) 현상

문제 42 정지거리에 영향을 미치는 요인 중 운전자 요인이 아닌 것은?

① 인지반응속도 ② 브레이크의 성능
③ 피로도   ④ 신체적 특성

문제 43 다음 중 교통약자 이동편의증진법에서 정의하는 교통약자가 아닌 사람은?

① 어린이   ② 장애인
③ 고령자   ④ 부녀자

문제 44 종단선형과 교통사고와의 관계 중 종단경사가 커짐에 따라 사고율은 어떻게 나타나는가?

① 평지에서의 사고율이 내리막에서보다 높게 나타난다.
② 오르막길에서의 사고율이 평지에서보다 높게 나타난다.
③ 내리막길에서의 사고율이 평지와 같게 나타난다.
④ 내리막길에서의 사고율이 오르막길에서보다 높게 나타난다.

문제 45 차로를 구분하기 위해 설치한 것은?

① 자전거도로 ② 길어깨
③ 차선   ④ 주차대

문제 46 회전교차로의 장점이 아닌 것은?
① 교차로 유지비용이 적게 든다.
② 교통량을 줄일 수 있다.
③ 교통사고를 줄일 수 있다.
④ 도로미관 향상을 기대할 수 있다.

문제 47 시가지 교차로에서의 방어운전 요령을 바르게 설명한 것은?
① 교차로에 접근하면서 먼저 오른쪽과 왼쪽을 살펴보면서 교차방향 차량을 관찰한다. 그 다음에는 다시 왼쪽을 살핀다.
② 교차로에 접근하면서 먼저 왼쪽과 오른쪽을 살펴보면서 교차방향 차량을 관찰한다. 그 다음에는 다시 왼쪽을 살핀다.
③ 교차로에 접근하면서 전방신호기만을 확인한 후 주행방향으로 진행한다.
④ 교차로에 접근할 경우는 앞차의 주행상황을 맹목적으로 따라간다.

문제 48 주간 또는 야간에 운전자의 시선을 유도하기 위해 설치된 시선유도시설 중 표지병은 다음 중 어느 것인가?

① 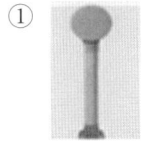 ②

③ 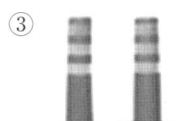 ④

문제 49 시가지 교차로에서의 방어운전 중 버스 회전 시 주변에 있는 물체와 접촉할 가능성이 높아지는 것은 버스의 어떤 특성 때문인가?

① 내륜차가 승용차에 비해 크다.
② 운전석에서 볼 수 없는 곳이 승용차에 비해 넓다.
③ 바퀴 크기가 승용차보다 크다.
④ 무게가 승용차에 비해 무겁다.

문제 50 다음 중 눈, 비 올 때의 미끄러짐 사고를 예방하기 위한 운전법이 아닌 것은?

① 다른 차량 주변으로 가깝게 다가가지 않는다.
② 제동이 제대로 되는지를 수시로 살펴본다.
③ 제동상태가 나쁠 경우 도로 조건에 맞춰 속도를 낮춘다.
④ 앞차와의 거리를 좁혀 앞차의 궤적을 따라간다.

문제 51 비상주차대가 설치되는 장소가 아닌 것은?

① 고속도로에서 길어깨(갓길) 폭이 2.5m 미만으로 설치되는 경우
② 길어깨(갓길)를 축소하여 건설되는 긴 교량의 경우
③ 긴 터널의 경우
④ 오르막도로의 커브가 심한 경우

문제 52 지방도에서 사고 예방을 위한 운전 방법으로 적절하지 않은 것은?

① 천천히 움직이는 차는 바로 앞지르기를 시행한다.
② 교통신호등이 없는 교차로에서는 언제든지 감속 또는 정지 준비를 한다.
③ 낯선 도로를 운전할 때는 미리 갈 노선을 계획한다.
④ 동물이 주행로를 가로질러 건너갈 때는 속도를 줄인다.

문제 53 버스승객의 승·하차를 위하여 본선 차로에서 분리하여 설치한 띠 모양의 공간은?

① 버스정류장 ② 버스정류소
③ 간이 버스정류장 ④ 간이 휴게소

문제 54 여름철 차량 내부의 습기 제거에 대한 설명으로 적합하지 않은 것은?

① 차량 내부에 습기가 있는 경우에는 차체의 부식이나 악취 발생을 방지하기 위하여 습기를 제거하여야 한다.
② 폭우 등으로 물에 잠긴 차량은 배선의 수분을 제거하지 않은 상태에서 시동을 걸면 전기장치의 퓨즈가 단선될 수 있다.
③ 폭우 등으로 물에 잠긴 차량은 우선적으로 습기를 제거해야 한다.
④ 습기를 제거할 때에는 배터리를 연결한 상태에서 실시한다.

문제 55 브레이크와 타이어 등 차량 결함 사고 발생 시 대처방법으로 옳지 않은 것은?

① 차의 앞바퀴가 터지는 경우 핸들을 단단하게 잡아 차가 한 쪽으로 쏠리는 것을 막고, 의도한 방향을 유지한 다음 속도를 줄인다.
② 앞바퀴의 바람이 빠져 차가 한쪽으로 미끄러지는 것을 느끼면 핸들 방향을 미끄러지는 반대방향으로 돌려주어 대처한다.
③ 앞·뒤 브레이크가 동시에 고장 시 브레이크 페달을 반복해서 빠르고 세게 밟으면서 주차 브레이크도 세게 당기고 기어도 저단으로 바꾼다.
④ 페이딩 현상이 일어나면 차를 멈추고 브레이크가 식을 때까지 기다린다.

문제 56 운전자가 제동을 시작하여 자동차가 완전히 정지할 때까지 진행한 시간을 무엇이라 하는가?

① 제동시간 ② 정지시간
③ 공주시간 ④ 정차거리

문제 57 교통사고 요인의 가설적 연쇄과정 중 인간요인에 의한 연쇄과정과 거리가 먼 것은?
① 출근이 늦어졌다.
② 과속으로 운전을 한다.
③ 초조하게 운전을 한다.
④ 비가 오고 있다.

문제 58 시가지 이면도로에서 위험하게 느껴지는 자동차나 자전거 · 보행자 등을 발견하였을 때의 방어운전 방법으로서 부적절한 것은?
① 그 움직임을 주시하면서 운행한다.
② 상대에게 경음기나 전조등 등으로 주의를 주면서 운행한다.
③ 자전거나 이륜차의 갑작스런 회전 등에 대비한다.
④ 주 · 정차된 차량이 출발하려고 할 때에는 감속하여 안전거리를 확보한다.

문제 59 다른 차가 자신의 차를 앞지르기 할 때의 방어운전에 대한 설명으로 부적절한 것은?
① 앞지르기를 시도하는 차가 원활하게 주행차로로 진입할 수 있도록 속도를 줄여준다.
② 앞지르기 금지장소 등에서도 앞지르기를 시도하는 차가 있다는 사실을 염두에 두고 주행한다.
③ 앞지르기 금지장소에서 후속차량이 앞지르기를 시도할 경우 안전을 위해 앞 차량과의 간격을 좁혀 시도를 막는다.
④ 앞지르기를 시도하는 차가 안전하고 신속하게 앞지르기를 완료할 수 있도록 한다.

문제 60 운전자가 운전 중 눈을 통해 얻은 운전 관련 정보의 비율은 어느 정도나 되는가?
① 100%
② 90%
③ 80%
④ 70%

문제 61 고속도로에서의 방어운전 방법으로 옳지 않은 것은?

① 차로를 변경하기 위해서는 핸들을 점진적으로 튼다.
② 여러 차로를 가로지를 필요가 있을 경우에도 한 번에 한 차로씩 옮겨간다.
③ 고속으로 주행하기 때문에 차로 변경 시 신호하지 않아도 된다.
④ 교량, 터널 등 차로가 줄어드는 곳에서는 속도를 줄이고 주의하여 진입한다.

문제 62 길어깨와 관련 없는 것은?

① 갓길이라고도 한다.
② 비상시 이용을 위해 설치한다.
③ 도로 보호를 위해 설치한다.
④ 차도와 분리하여 설치한다.

문제 63 평면곡선 도로를 주행할 때 원심력에 의해 곡선 바깥 쪽으로 진행하려는 힘과 관련이 없는 것은?

① 평면곡선 반지름
② 시선유도시설
③ 타이어와 노면의 횡방향 마찰력
④ 편경사

문제 64 지방도에서의 시인성 확보를 위해 문제를 야기할 수 있는 전방 몇 초의 상황을 확인하는 것이 좋은가?

① 1~4초
② 5~8초
③ 9~11초
④ 12~15초

문제 65 도로 노면에 대한 관찰 및 주의의 결여와 가장 관계가 많은 교통사고 유형은?

① 진로변경 중 접촉사고
② 교차로 신호위반 사고
③ 눈, 빗길 미끄러짐 사고
④ 횡단 보행자 통과의 사고

문제 66 올바른 서비스 제공을 위한 요소가 아닌 것은?

① 밝은 표정
② 단정한 용모와 복장
③ 공손한 인사
④ 퉁명스런 말투

문제 67 승객 만족을 위한 기본예절에 대해 설명한 것으로 맞지 않는 것은?

① 변함없는 진실한 마음으로 승객을 대한다.
② 승객의 입장을 이해하고 존중한다.
③ 승객의 여건, 능력, 개인차를 인정하고 배려한다.
④ 승객의 결점이 발견되면 바로 지적한다.

문제 68 다음 중 올바른 직업윤리는?

① 직업생활의 최고 목표는 높은 지위에 올라가는 것이다.
② 사회봉사보다 자아실현이 중요하다.
③ 자신의 직업에 긍지를 느끼며 그 일에 열과 성을 다한다.
④ 직업에 대해 차별의식을 지닌다.

문제 69 승객에게 불쾌감을 주는 몸가짐과 거리가 먼 것은?

① 품위 있는 자세
② 지저분한 손톱
③ 정리되지 않은 덥수룩한 수염
④ 잠잔 흔적이 남아 있는 머릿결

문제 70 처리된 모든 거래기록을 데이터베이스화하는 기능을 가진 시스템은?

① 정산시스템
② 충전시스템
③ 중앙처리시스템
④ 집계시스템

문제 71 자동차의 장치 및 설비 등에 관한 준수사항 중에서 옳지 않은 것은?

① 전세버스의 앞바퀴는 재생한 타이어를 사용해서는 안 된다.
② 전세버스, 시외우등고속버스, 시외고속버스 및 시외직행버스의 앞바퀴의 타이어는 튜브리스 타이어를 사용해야 한다.
③ 노선버스의 차체에는 행선지를 표시할 수 있는 설비를 설치해야 한다.
④ 13세 미만 어린이의 통학을 위하여 학교 및 보육시설의 장과 운송계약을 체결하고 운행하는 전세버스의 경우에는 「교통안전법」에 따라 어린이통학버스의 신고를 하여야 한다.

문제 72 운행 중 주의사항에 해당하지 않는 것은?

① 내리막길에서 풋 브레이크를 장시간 사용하지 않고 엔진 브레이크 사용
② 차량이 추월하는 경우 감속 등 양보 운전
③ 후진 시 유도요원을 배치하여 수신호에 따라 안전하게 후진
④ 차량 없는 도로에서 신속한 승객수송을 위한 과속운전

문제 73 운수종사자는 안전운행과 다른 승객의 편의를 위하여 어떤 행위에 대하여 제지하고 필요한 사항을 안내해야 하는데, 다음 행위 중에서 제지할 수 없는 행위는?

① 폭발성 물질, 인화성 물질 등의 위험물을 자동차 안으로 가지고 들어오는 행위
② 전용 운반상자 없이 애완동물을 자동차 안으로 데리고 들어오는 행위
③ 자동차의 출입구를 막을 우려가 있는 물품을 자동차 안으로 가지고 들어오는 행위
④ 장애인 보조견을 자동차 안으로 데리고 들어오는 행위

문제 74 　버스운행관리시스템의 기대효과 중 이용 주체가 다른 하나는?

① 버스도착 예정시간 사전확인
② 운행정보 인지로 정시 운행
③ 앞·뒤차 간의 간격인지로 차 간 간격 조정운행
④ 운행상태 완전노출로 운행질서 확립

문제 75 　심폐소생술의 방법으로 옳지 않은 것은?

① 의식을 확인할 때 성인의 경우 양쪽 어깨를 가볍게 두드리며 "괜찮으세요?"라고 말한 후 반응을 확인한다.
② 머리를 젖히고 턱을 들어올려 기도를 확보한다.
③ 인공호흡을 가슴이 충분히 올라올 정도로 1회당 1초간 2회 실시한다.
④ 20회의 가슴압박과 2회의 인공호흡을 반복한다.

문제 76 　교통사고 현장에서의 안전조치에 해당하지 않는 것은?

① 전문가의 도움이 필요한 경우 신속한 도움을 요청한다.
② 경미한 사고인 경우 사고위치에서 신속히 벗어난다.
③ 사고위치에서 노면표시를 한 후 도로 가장자리로 자동차를 이동시킨다.
④ 피해자를 위험으로부터 보호하거나 피신시킨다.

문제 77 　사고현장의 측정 및 사진촬영을 위해 확인해야 할 사항이 아닌 것은?

① 목격자에 대한 사고 상황
② 사고지점의 위치
③ 사고현장에 대한 가로방향 및 세로방향의 길이
④ 차량 및 노면에 나타나는 물리적 흔적 및 시설물 등의 위치

문제 78 교통카드시스템 구성 중 단말기의 구조장치에 해당하지 않는 것은?

① 카드인식장치
② 전원공급장치
③ 정보처리장치
④ 킷값 관리장치

문제 79 승객만족의 개념 및 중요성에 대한 설명으로 옳지 않은 것은?

① 승객만족이란 승객의 기대에 부응하는 양질의 서비스를 제공하여 승객이 만족감을 느끼게 하는 것이다.
② 지속적인 서비스 교육 시행 등 승객을 만족시키기 위한 분위기 조성은 경영자의 몫이다.
③ 실제로 승객을 상대하고 승객을 만족시키는 사람은 승객과 접촉하는 최일선의 운전자이다.
④ 승객이 느끼는 일부 운전자에 대한 불만족은 회사 전체 평가에는 크게 영향을 미치지 않는다.

문제 80 버스준공영제를 시행하는 목적에 부합되지 않는 것은?

① 여객자동차운송사업의 합병
② 대중교통 이용 활성화
③ 수입금의 투명한 관리를 통한 시민신뢰 확보
④ 버스에 대한 이미지 개선

01 실전모의고사 1회 [해설과 정답]

해설 01 자동차를 정기적으로 운행하거나 운행하려는 구간을 노선이라 한다.

해설 02 고장자동차의 표지는 낮의 경우 그 자동차로부터 100m 이상의 뒤쪽 도로상에, 밤의 경우는 200m 이상의 뒤쪽 도로상에 각각 설치해야 한다. 2017.6.2 도로교통법이 개정되어 거리규정이 삭제되고 후방에서 접근하는 자동차의 운전자가 확인할 수 있는 위치에 설치하도록 바뀌었다.

해설 03 보행자는 안전표지 등에 의하여 횡단이 금지되어 있는 도로의 부분에서는 그 도로를 횡단하여서는 아니 된다.

해설 04 양보표지를 지키며 통행하는 경우 과실이라 볼 수 없다.

해설 05 제작연도에 등록되었으면 최초의 신규등록일, 제작연도에 등록되지 아니하였으면 제작연도의 말일을 기산일로 한다.

해설 06 사람이 건물, 육교 등에서 추락하여 운행 중인 차량과 충돌 또는 접촉하여 사상한 경우에는 교통사고로 처리되지 않는다.

해설 07 단순 추돌 사고는 교통사고처리특례법의 적용대상이 아니다.

해설 08 앞차가 후진하거나, 고의나 의도적으로 급정지하는 경우에는 운전자 과실로 인한 안전거리 미확보 사고가 성립되지 않는다.

해설 09 하차문이 있는 노선버스(시외직행, 시외고속 및 시외우등고속은 제외한다.)에는 압력감지기 또는 전자감응장치, 가속페달 잠금장치를 설치하고 정상 작동되는 상태에서 운행하여야 한다. 시내, 마을, 농어촌버스는 노선버스에 해당한다. 전세버스는 노선버스가 아니다.

해설 10 특수여객자동차 운송사업용 자동차는 "장의"라 표시한다.

해설 11 고속도로 및 자동차전용도로에서 안전거리 미확보 시 범칙금 5만 원이 부과된다.

해설 12 철길건널목 통과방법 위반 시에는 범칙금 7만 원과 벌점 30점이 부과된다.

1. 실전모의고사 1회 [해설과 정답]

해설 13 제1종 면허 중 보통면허는 승차정원 15인 이하의 승합자동차를 운전할 수 있으므로 16인 이상의 승합자동차를 운전하려면 제1종 대형면허가 필요하다.

해설 14 시외우등고속버스는 고속형에 사용되는 것으로서 원동기 출력이 자동차 총 중량 1톤당 20마력 이상이고 승차정원이 29인승 이하인 대형승합자동차를 말한다.

해설 15 일시정지란 반드시 차가 멈추어야 하되, 얼마간의 시간 동안 정지상태를 유지하는 교통상황의 의미로 정지상황의 일시적 전개를 의미한다.

해설 16 정지선 직전에 정지하여야 하는 등화는 적색의 등화이다.

해설 17 차내 대화 등으로 운전을 부주의한 경우는 안전운전 불이행 중 운전자과실 사고라 볼 수 있다.

해설 18 대통령령에 어린이통학버스는 황색으로 규정되어 있다.

해설 19 사고 차량이 차로를 변경하면서 변경방향 차로 후방에서 진행하는 차량의 진로를 방해한 경우는 진로변경사고로 본다

해설 20 위반행위에 대한 처분기준이 운전면허의 취소처분 시 감경 사유에 해당하는 경우에는 처분벌점을 110점으로 한다.

해설 21 도로구조물 파손은 긴급자동차의 특례에 해당하지 않는다.

해설 22 버스운전자격증을 타인에게 대여한 경우 버스운전자격이 취소된다.

해설 23 술 취한 사람이 도로에 누워있다 사상된 경우는 도로교통법에 의거 교통사고로 처리된다.

해설 24 현장참여교육은 법규준수교육을 받은 사람에 한해서 실시된다.

해설 25 지시를 하는 경우에 사용되는 표지는 지시표지이다.

해설 26 배터리의 충전이나 방전 상태를 보여주는 것은 전압계이다.

해설 27 연료탱크에 남아 있는 연료의 잔류량은 연료계에서 나타낸다.
동절기에는 연료를 가급적 충만한 상태를 유지하는 것이 좋은데, 이는 연료 탱크 내부의 수분침투를 방지하는 데 효과적이기 때문이다.

해설 28 가입하지 아니한 기간이 10일 이내인 경우 3만 원, 10일 초과 시 1일마다 8천 원씩 가산되며, 최고 100만 원까지 부과된다.

해설 29 가스공급라인의 몸체가 파열된 경우에는 재사용하지 말고 교환한다.

해설 30 조향 핸들의 회전과 바퀴의 선회 차이가 크지 않아야 한다.

해설 31 스프링에는 판, 코일, 토션바, 공기스프링이 있다.

해설 32 레이디얼 타이어는 충격을 흡수하는 강도가 적어 승차감이 좋지 않다.

해설 33 냉각수 부족으로 엔진이 과열되었을 경우에는 급하게 차가운 냉각수를 공급하면 엔진에 균열이 발생할 수 있다.

해설 34 감속 브레이크는 제3의 브레이크라고도 하며, 엔진·제이크·배기·리타더 브레이크가 있다.

해설 35 아세톤, 에나멜, 표백제 등으로 세척할 경우에는 변색되거나 손상이 발생할 수 있다.

해설 36 허리벨트는 골반 위를 지나 엉덩이 부위를 지나야 한다.

해설 37 밸브를 닫아 탱크 내의 공기가 새지 않도록 하는 것은 체크 밸브이다.

해설 38 압축천연가스의 정의이다.

해설 39 고속도로에서 운행할 때에는 풋 브레이크와 엔진브레이크를 함께 사용한다.

해설 40 임시검사는 불법개조 또는 불법정비 등에 대한 안전성을 확보하거나, 사업용 자동차의 차령을 연장하거나, 자동차 소유자의 신청을 받아 시행하는 검사이다.

해설 41 모닝 록(Morning Lock) 현상이란 비가 자주 오거나 습도가 높은 날 또는 오랜 시간 주차한 후에 브레이크 드럼에 미세한 녹이 발생하여 마찰계수가 높아져 평소보다 브레이크가 지나치게 예민하게 작동하는 현상을 말한다.

해설 42 브레이크의 성능은 차량요인이다.

해설 43 교통약자란 장애인, 임산부, 고령자, 영유아 동반자, 어린이 등 생활함에 있어 이동에 불편함을 느끼는 사람을 말한다.

해설 44 종단경사라 함은 오르막과 내리막의 정도를 말하는 것으로 종단경사가 크다면 경사가 심하다는 것을 의미한다. 경사가 심하게 되면 차량의 통제력이 그만큼 떨어지게 되고, 통제력이 떨어지는 만큼 사고 위험성도 증가하게 된다. 따라서 사고율은 평지나 오르막보다 내리막에서 높게 나타난다.

1. 실전모의고사 1회 [해설과 정답]

해설 45   자로와 자로를 구분하는 것은 차선이다.

해설 46   회전교차로는 회전차로를 우선으로 하는 신교통운영기법으로, 교차로 유지비용이 적게 들고 교통사고를 줄일 수 있으며 미관 향상을 기대할 수 있는 교차로 설계 및 운영기법이다. 회전교차로의 설치만으로 교통량을 줄일 수는 없다.

해설 47   좌우좌 규칙은 교차로에 접근하면서 먼저 왼쪽과 오른쪽을 살펴 교차 방향 차량을 관찰한다. 동시에 오른발은 브레이크 페달 위에 갖다놓고 밟을 준비를 한다. 그 다음에는 다시 왼쪽을 살핀다.

해설 48   ①은 시선유도표지, ②는 갈매기표지, ③은 도로차단봉, ④는 표지병이다.

해설 49   버스의 좌우회전 시에 주변에 있는 물체와 접촉할 가능성이 높아지는 것은 내륜차가 승용차에 비해 훨씬 크기 때문이다.

해설 50   앞차와의 거리를 좁히면 위험하다.

해설 51   오르막도로의 커브가 심한 곳에 주차대를 설치하면 위험하다.

해설 52   천천히 움직이는 차를 주시하며, 필요에 따라 속도를 조절한다.

해설 53   버스정류장(Bus Bay)은 본선에서 분리하여 설치된 띠 모양의 공간이며, 버스정류소(Bus Stop)는 본선의 오른쪽 차로를 그대로 이용하는 공간을 말한다.

해설 54   습기를 제거할 때에는 배터리를 반드시 분리한 상태에서 실시한다.

해설 55   차가 한쪽으로 미끄러지는 것을 느껴 핸들 방향을 미끄러지는 방향으로 돌려주어 대처하는 것은 뒷바퀴의 바람이 빠졌을 때의 대처방법이다.

해설 56   자동차가 제동을 시작하여 완전히 정지하기 전까지의 시간을 제동시간이라 한다.

해설 57   비가 오는 것은 환경요인이다.
인간 요인에 의한 연쇄과정은 다음과 같은 예를 들 수 있다.
- 아내와 싸웠다.
- 출근이 늦어졌다.
- 초조하게 운전을 한다.
- 과속으로 운전을 한다.
- 전방 커브에 느린 차를 미처 발견하지 못한다.

해설 58   시가지 이면도로에서 경음기나 전조등을 이용하는 것은 올바른 방어운전 방법이 아니다.

해설 59 앞차와의 간격을 좁혀 앞지르기 시도를 막으면 충돌위험이 급격히 증가하게 된다.

해설 60 운전하는 동안 운전자가 내리는 결정의 90%는 눈을 통해 얻은 정보에 기초한다.

해설 61 고속으로 주행하기 때문에 차로 변경 시 반드시 신호하여야 한다.

해설 62 길어깨는 도로를 보호하고 비상시에 이용하기 위하여 차도와 연결하여 설치하는 도로의 부분으로 갓길이라고도 한다.

해설 63 원심력은 평면곡선 반지름, 타이어와 노면의 횡방향 마찰력, 편경사와 관련이 있다. 시선유도시설은 힘과 관련이 없다.

해설 64 지방도에서의 시인성 확보를 위해서는 문제를 야기할 수 있는 전방 12~15초의 상황을 확인한다. 거기까지 볼 수 없다면 시야가 트일 때까지 속도를 줄이고 제동준비를 해야 한다.

해설 65 눈, 빗길에서는 미끄럼이 발생하여 제동거리가 길어지므로 사고 가능성이 높아진다.
따라서 눈, 빗길에서 노면에 대한 관찰 및 주의가 결여되면 사고로 이어질 확률이 높아진다.

해설 66 올바른 서비스 제공을 위한 5요소는 밝은 표정, 단정한 용모와 복장, 공손한 인사, 친근한 말투, 따뜻한 응대이다.

해설 67 승객의 결점을 지적할 때에는 신중히 고려하여 진지하게 충고하고 격려하여야 한다.

해설 68 생계유지 수단적 직업관, 지위 지향적 직업관, 귀속, 차별, 폐쇄적 직업관은 잘못된 직업관이다.

해설 69 품위있는 자세는 승객의 기분을 좋게 해주는 몸가짐이다.

해설 70 **교통카드 시스템**
• 충전시스템 : 금액이 소진된 교통카드에 금액을 재충전하는 기능을 한다.
• 중앙처리시스템 : 데이터를 중앙의 컴퓨터에서 집중적으로 처리하는 기능을 한다.
• 집계시스템 : 단말기와 정산시스템을 연결하는 기능을 한다.

해설 71 13세 미만의 어린이의 통학을 위하여 학교 및 보육시설의 장과 운송계약을 체결하고 운행하는 전세버스의 경우에는 「도로교통법」에 따라 어린이통학버스의 신고를 하여야 한다.

해설 72 어떠한 경우에도 과속운전을 해서는 안 된다.

해설 73 장애인 보조견을 자동차 안으로 데리고 들어오는 경우 제지해서는 안 된다.

해설 74 버스도착 예정시간 사전확인은 이용자(승객)의 기대효과이다.

해설 75 30회 가슴압박과 2회 인공호흡을 반복한다.

해설 76 경미한 사고인 경우라면 굳이 신속히 이탈하지 않아도 된다.

해설 77 목격자에 대한 사고 상황조사는 사고당사자 및 목격자조사 시에 확인해야 할 일이다.

해설 78 단말기는 카드인식, 정보처리, 킷값 관리, 정보저장장치로 구성된다.

해설 79 100명의 운수종사자 중 99명의 운수종사자가 바람직한 서비스를 제공한다 하더라도 승객이 접해본 단 한 명이 불만족스러웠다면 승객은 그 한 명을 통하여 회사 전체를 평가하게 된다.

해설 80 버스준공영제는 대중교통이용 활성화를 대목표로 하고, 버스 이미지 개선 및 시민신뢰 확보를 위해 시행되고 있는 제도이다.

[정답]

1	2	3	4	5	6	7	8	9	10
①	①	④	④	②	④	①	④	④	②
11	12	13	14	15	16	17	18	19	20
③	②	①	①	②	①	③	①	④	②
21	22	23	24	25	26	27	28	29	30
①	④	④	①	④	③	②	②	③	①
31	32	33	34	35	36	37	38	39	40
④	③	②	②	④	④	③	③	④	②
41	42	43	44	45	46	47	48	49	50
①	②	④	④	③	②	②	④	①	④
51	52	53	54	55	56	57	58	59	60
④	①	①	④	②	①	④	②	③	②
61	62	63	64	65	66	67	68	69	70
③	④	②	④	③	④	④	③	①	①
71	72	73	74	75	76	77	78	79	80
④	④	④	①	④	②	①	②	④	①

02 실전모의고사 2회

문제 01 도로교통법에서 규정하는 정차 및 주차가 금지되는 곳의 기준은 횡단보도로부터 몇 m 이내인가?

① 5m 이내 ② 10m 이내 ③ 15m 이내 ④ 20m 이내

문제 02 행정처분 기초자료로 활용하기 위하여 법규위반 또는 사고야기에 대하여 그 위반의 경중, 피해의 정도 등에 따라 배점되는 점수를 말하는 것은?

① 누산점수 ② 벌점 ③ 처분벌점 ④ 기초점수

문제 03 진로변경 또는 급차로변경사고의 성립요건이 아닌 것은?

① 도로에서 발생한 경우
② 옆 차로에서 진행 중인 차량이 갑자기 차로를 변경하여 불가항력적으로 충돌한 경우
③ 사고차량이 차로를 변경하면서 변경방향 차로 후방에서 진행하는 차량의 진로를 방해한 경우
④ 차로 변경 후 상당 구간 진행 중인 차량을 뒤차가 추돌한 경우

문제 04 자가용자동차를 사용하여 여객자동차 운송사업을 경영한 경우 그 자동차의 사용을 제한하거나 금지할 수 있는 기간은?

① 3개월 이내
② 6개월 이내
③ 12개월 이내
④ 18개월 이내

문제 05 시내버스운송사업의 운행형태 중에 시내좌석버스를 사용하고 주로 고속국도, 주간선도로 등을 이용하여 기종점에서 5km 이내에 위치한 각각 4개 이내의 정류소에 정차하고, 그 외의 지점에서는 정차하지 않는 운행형태는?

① 광역급행형
② 직행좌석형
③ 좌석형
④ 일반형

문제 06 회사나 학교와 운송계약을 체결하여 그 소속원만의 통근·통학 목적으로 자동차를 운행하는 사업이 포함되는 운송사업은?

① 마을버스
② 시내버스
③ 전세버스
④ 특수여객자동차

문제 07 다음 중 교통사고처리특례법상 교통사고에 해당하는 것은?

① 육교에서 주의하여 운행 중인 차량과 사람이 충돌하여 사람이 부상을 당한 경우
② 축대가 무너져 도로를 진행 중인 차량이 부서진 경우
③ 가로수가 넘어져 차량 운전자가 부상당한 경우
④ 횡단보도 녹색 보행자 횡단신호에서 자전거와 보행자가 충돌하여 사람이 다친 경우

문제 08 고속도로 및 자동차전용도로에서의 금지행위에 해당하지 않는 것은?

① 갓길 통행금지
② 긴급이륜자동차의 통행 금지
③ 횡단 등의 금지
④ 정차 및 주차의 금지

문제 09 운송사업자가 운수종사자에게 여객의 좌석안전띠 착용에 관한 교육을 실시하지 않은 경우 1회 위반 시 과태료 부과 기준은?

① 3만 원
② 5만 원
③ 10만 원
④ 20만 원

문제 10 교통안전을 위한 활동에 실제로 참여하여 채점하도록 하는 등의 교육으로서 법규준수교육을 받은 사람 가운데 교육받기를 원하는 사람에게 실시하는 교육은?

① 교통통제교육　　② 교통법규교육
③ 교통교양교육　　④ 현장참여교육

문제 11 신호등 없는 교차로에서 교차로 진입 전 일시정지 또는 서행하지 않았다는 증거를 판독하는 방법과 가장 거리가 먼 것은?

① 충돌 직전 노면에 스키드 마크가 형성되어 있는 경우
② 충돌 직전 노면에 요 마크가 형성되어 있는 경우
③ 가해 차량의 진행방향으로 상대 차량을 밀고가거나, 전도(전복)시킨 경우
④ 상대 차량의 정면을 충돌한 경우

문제 12 다음 중 음주운전으로 처벌이 불가한 경우는?

① 혈중알코올 농도 0.05% 상태로 주차장 통행로에서 운전한 경우
② 혈중알코올 농도 0.06% 상태로 공장 내 통행로에서 운전한 경우
③ 혈중알코올 농도 0.02% 상태로 도로에서 운전한 경우
④ 혈중알코올 농도 0.05% 상태로 학교 내 통행로에서 운전한 경우

문제 13 주행 중 교차로 또는 그 부근에서 긴급자동차가 접근한 때에 운전자가 취해야 하는 운행방법은?

① 교차로를 피하여 일시정지한다.
② 교차로를 피하여 정지한다.
③ 긴급자동차가 피해갈 수 있도록 도로 중앙을 이용해 서행한다.
④ 그 자리에서 정지한다.

문제 14 도로교통법상 몇 분을 초과하지 아니하고 차를 주차 외에 정지시키는 것을 정차라고 하는가?

① 5분 ② 10분
③ 15분 ④ 30분

문제 15 안전운전 불이행 사고가 아닌 것은?

① 자동차 장치조작을 잘못한 경우
② 전·후·좌·우 주시가 태만한 경우
③ 차내 대화 등으로 운전을 부주의한 경우
④ 차량정비 중 안전부주의로 피해를 입은 경우

문제 16 앞차가 갑자기 정지하게 되는 경우 그 앞차와의 추돌을 피할 수 있는 필요한 거리로 정지거리보다 약간 긴 정도의 거리는?

① 안전거리 ② 정지거리
③ 반응거리 ④ 제동거리

문제 17 차의 급제동으로 인하여 타이어의 회전이 정지된 상태에서 노면에 미끄러져 생긴 타이어 마모흔적 또는 활주흔적을 무엇이라고 하는가?

① 스키드마크 ② 요마크
③ 교통마크 ④ KS마크

문제 18 여객자동차 운수사업법령상 자동차를 정기적으로 운행하거나 운행하려는 구간이란 무엇에 대한 정의인가?

① 여객운송 ② 노선
③ 운행계통 ④ 관할구간

문제 19 모든 운전자의 준수사항 등에 관한 내용이 아닌 것은?
① 운전자는 안전을 확인하지 아니하고 차의 문을 열거나 내려서는 아니 되며, 동승자가 교통의 위험을 일으키지 아니하도록 필요한 조치를 할 것
② 운전자는 승객이 차 안에서 안전운전에 현저히 방해가 될 정도로 춤을 추는 등 소란행위를 하도록 내버려두고 차를 운행하지 아니할 것
③ 운전자는 자동차가 정지하고 있는 경우 휴대용 전화를 사용하지 아니할 것
④ 운전자는 자동차를 급히 출발시키거나 속도를 급격히 높이는 행위를 하여 다른 사람에게 피해를 주는 소음을 발생시키지 아니할 것

문제 20 보행자의 통행방법에 대한 설명으로 바르지 않은 것은?
① 소나 말 등의 큰 동물을 몰고 가는 사람은 보도로만 통행해야 한다.
② 보도와 차도가 구분된 도로에서는 보도로 통행한다.
③ 공사 등으로 보도 통행이 금지된 경우에는 보도로 통행하지 아니할 수 있다.
④ 보도와 차도가 구분되지 아니한 도로에서는 차마와 마주보는 방향의 길 가장자리로 통행한다.

문제 21 처벌벌점 또는 1년간 누산점수 초과로 운전면허의 취소처분 시 감경 사유에 해당하는 사람은 처분벌점 또는 누산점수를 몇 점으로 감경하여 주는가?
① 120점
② 110점
③ 90점
④ 60점

문제 22 다음 중 승합자동차의 경우 좌석안전띠 미착용 시 주어지는 범칙금액은?
① 1만 원
② 3만 원
③ 5만 원
④ 7만 원

문제 23 도로교통법상 교통사고에 의한 사망으로 사망자 1명당 벌점 90점이 부과되는 것은 교통사고 발생 후 몇 시간 내 사망한 것을 말하는가?

① 72시간
② 60시간
③ 48시간
④ 24시간

문제 24 버스운전 자격시험의 필기시험 합격기준은?

① 필기시험 총점의 5할 이상
② 필기시험 총점의 6할 이상
③ 필기시험 총점의 7할 이상
④ 필기시험 총점의 8할 이상

문제 25 도로교통의 안전을 위하여 각종 제한 금지사항을 도로사용자에게 알리기 위한 안전표지는?

① 지시표지
② 주의표지
③ 규제표지
④ 노면표지

문제 26 CNG를 연료로 사용하는 자동차의 계기판에 CNG 램프가 점등될 경우 조치사항으로 맞는 것은?

① 전기장치의 작동을 피한다.
② 가스냄새를 확인한다.
③ 파이프나 호스를 조이거나 풀어본다.
④ 가스를 재충전한다.

문제 27 와셔액 탱크가 비어 있을 경우에 와이퍼를 작동시키면 어떤 문제가 발생할 수 있는가?

① 시야를 가릴 수 있다.
② 와이퍼 링크가 이탈될 수 있다.
③ 유리창 균열이 발생할 수 있다.
④ 와이퍼 모터가 손상될 수 있다.

문제 28 연료주입구 개폐방법으로 틀린 것은?

① 시계방향으로 돌려 연료주입구 캡을 분리한다.
② 연료주입구에 키 홈이 있는 차량은 키를 꽂아 잠금해제시킨 후 연료주입구 커버를 연다.
③ 연료 주입 후에는 연료주입구 커버를 닫고 가볍게 눌러 원위치시킨 후 확실하게 닫혔는지 확인한다.
④ 일반적으로 연료주입구에 키 홈이 있는 차량은 연료주입구 커버를 잠글 때 키를 이용하여야 잠글 수 있다.

문제 29 자동차 검사의 필요성이 아닌 것은?

① 자동차 결함으로 인한 교통사고 사상자 사전 예방
② 자동차 배출가스로 인한 대기오염 최소화
③ 자동차세 납부 여부를 확인하여 정부 재원 확보
④ 자동차보험 미가입 자동차의 교통사고로부터 국민피해 예방

문제 30 배기 브레이크 스위치를 작동시키면 계기판에 나타나는 표시등은?

① 배기 브레이크 표시등
② 제이크 브레이크 표시등
③ 브레이크 에어 경고등
④ 주차 브레이크 경고등

문제 31 스프링의 종류에 해당되지 않는 것은?

① 판 스프링
② 코일 스프링
③ 토션바 스프링
④ 압력 스프링

문제 32 레이디얼 타이어의 특성이 아닌 것은?

① 접지면적이 크다.
② 회전할 때에 구심력이 좋다.
③ 충격을 흡수하는 성능이 좋아 승차감이 좋다.
④ 고속으로 주행할 때에는 안정성이 크다.

문제 33 엔진 오버히트가 발생할 때의 안전조치 요령이 아닌 것은?

① 여름에는 에어컨, 겨울에는 히터의 작동을 중지시킨다.
② 엔진이 과열되어 냉각수가 부족한 경우 차가운 냉각수를 공급한다.
③ 엔진이 작동하는 상태에서 보닛(Bonnet)을 열어 엔진을 냉각시킨다.
④ 엔진을 충분히 냉각시킨 다음에는 냉각수의 양 점검, 라디에이터 호스 연결부위 등의 누수 여부 등을 확인한다.

문제 34 자동차가 고속 대형화됨에 따라 주 브레이크를 계속 사용하면 베이퍼 록이나 페이드 현상이 발생할 가능성이 높아지므로 감속(보조) 브레이크를 적절히 사용할 필요가 있다. 감속 브레이크에 해당하는 것은?

① 풋 브레이크
② 배기 브레이크
③ 주차 브레이크
④ 드럼 브레이크

문제 35 자동차 내장을 세척할 때 사용하면 변색되거나 손상을 줄 수 있는 것이 아닌 것은?

① 아세톤
② 에나멜
③ 표백제
④ 물수건

문제 36 시동모터가 작동되지 않거나 천천히 회전하는 경우에 해당되지 않는 것은?
① 배터리가 방전되었다.
② 점화플러그가 마모되었다.
③ 배터리 단자의 부식 현상이 있다.
④ 접지 케이블이 이완되어 있다.

문제 37 책임보험이나 책임공제에 미가입한 경우 가입하지 아니한 기간이 10일 이내이면 과태료 금액은 얼마인가?
① 1만 원   ② 3만 원   ③ 5만 원   ④ 7만 원

문제 38 험한 도로에서 주행할 때 자동차 조작요령으로 적합하지 않은 것은?
① 요철이 심한 도로에서 감속 주행한다.
② 비포장도로, 눈길, 빙판길, 진흙탕 길을 주행할 때에는 속도를 낮추고 제동거리를 충분히 확보한다.
③ 눈길, 진흙길, 모랫길에서는 1단 기어를 사용하여 가속한다.
④ 저단 기어를 사용하고 기어변속이나 가속은 피한다.

문제 39 자동차의 일상점검을 실시할 때 운전석 점검내용이 아닌 것은?
① 핸들의 흔들림이나 유동 여부
② 브레이크 페달의 자유간극과 잔류간극 적당 여부
③ 램프의 점멸 및 파손 여부
④ 와이퍼의 작동 여부

문제 40 휠 얼라인먼트 항목에 해당하지 않는 것은?
① 바운싱   ② 캠버   ③ 캐스터   ④ 킹핀

문제 41 초보운전자가 인식하는 안전에 대한 설명과 거리가 먼 것은?

① 주관적 안전을 객관적 안전보다 낮게 인식
② 운전에 대한 자신감을 갖게 되면 오히려 주관적 안전을 객관적 안전보다 크게 자각
③ 주관적 안전과 객관적 안전을 균형적으로 인식
④ 주관적 안전을 객관적 안전보다 높게 인식할 때 위험이 증가

문제 42 경제운전과 기어변속과의 관계를 적절히 설명한 것이 아닌 것은?

① 엔진회전속도가 2,000~3,000 RPM 상태에서 고단기어 변속이 바람직하다.
② 가능한 한 빨리 고단 기어로 변속하는 것이 좋다.
③ 반드시 저단 기어 상태에서 차를 멈춰야 한다.
④ 기어변속은 반드시 순차적으로 해야 하는 것은 아니다.

문제 43 횡단보도 부근으로 보행자가 횡단하고 있을 때 가장 올바른 운전방법은?

① 횡단보도가 아니므로 경음기 등으로 주의를 주며 통과한다.
② 횡단 보행자를 피해 빠르게 통과한다.
③ 보행자가 횡단 중이므로 서행으로 통과한다.
④ 보행자의 통행을 방해하지 않도록 일시 정지했다가 통과한다.

문제 44 길어깨와 관련 없는 것은?

① 갓길이라고도 한다.
② 비상시 이용을 위해 설치한다.
③ 도로 보호를 위해 설치한다.
④ 차도와 분리하여 설치한다.

문제 45 다른 차가 자신의 차를 앞지르기 할 때의 방어운전에 대한 설명으로 부적절한 것은?

① 앞지르기를 시도하는 차가 원활하게 주행차로로 진입할 수 있도록 속도를 줄여준다.
② 앞지르기 금지장소 등에서도 앞지르기를 시도하는 차가 있다는 사실을 염두에 두고 주행한다.
③ 앞지르기 금지장소에서 후속차량이 앞지르기를 시도할 경우 안전을 위해 앞 차량과의 간격을 좁혀 시도를 막는다.
④ 앞지르기를 시도하는 차가 안전하고 신속하게 앞지르기를 완료할 수 있도록 한다.

문제 46 야간에 식별이 가장 곤란한 보행자는 어떤 옷을 입은 보행자인가?

① 흰색 옷을 입은 보행자
② 흑색 옷을 입은 보행자
③ 밝은색 옷을 입은 보행자
④ 불빛에 반사가 잘되는 소재의 옷을 입은 보행자

문제 47 평면곡선 도로를 주행할 때 원심력에 의해 곡선 바깥쪽으로 진행하려는 힘과 관련이 없는 것은?

① 평면곡선 반지름
② 시선유도시설
③ 타이어와 노면의 횡방향 마찰력
④ 편경사

문제 48 도로 노면에 대한 관찰 및 주의의 결여와 가장 관계가 많은 교통사고 유형은?

① 진로변경 중 접촉사고
② 교차로 신호위반 사고
③ 눈, 빗길 미끄러짐 사고
④ 횡단 보행자 통과의 사고

문제 49 혈중알코올 농도에 영향을 미치는 것이 아닌 것은?

① 음주량
② 사람의 체중
③ 사람의 모발 상태
④ 위내 음식물의 종류

문제 50 진입차선을 통해 고속도로로 들어갈 때 방어운전을 위해 유지해야 할 최소한의 시간간격은?

① 10초
② 8초
③ 4초
④ 2초

문제 51 시야 고정이 많은 운전자의 특성이라 볼 수 없는 것은?

① 위험에 대응하기 위해 경적이나 전조등을 지나치게 자주 사용한다.
② 더러운 창이나 안개에 개의치 않는다.
③ 거울이 더럽거나 방향이 맞지 않는데도 개의치 않는다.
④ 정지선 등에서 정차 후 다시 출발할 때 좌우를 확인하지 않는다.

문제 52 타이어의 마모를 촉진하는 환경이라고 할 수 없는 것은?

① 잦은 커브길 운행
② 잦은 제동
③ 저속 주행
④ 기온이 높은 여름철 주행

문제 53 버스승객의 승·하차를 위하여 본선 차로에서 분리하여 설치한 띠 모양의 공간은?

① 버스정류장
② 버스정류소
③ 간이 버스정류장
④ 간이 휴게소

문제 54 여름철 차량 내부의 습기 제거에 대한 설명으로 적합하지 않은 것은?

① 차량 내부에 습기가 있는 경우에는 차체의 부식이나 악취발생을 방지하기 위하여 습기를 제거하여야 한다.
② 폭우 등으로 물에 잠긴 차량은 배선의 수분을 제거하지 않은 상태에서 시동을 걸면 전기장치의 퓨즈가 단선될 수 있다.
③ 폭우 등으로 물에 잠긴 차량은 우선적으로 습기를 제거해야 한다.
④ 습기를 제거할 때에는 배터리를 연결한 상태에서 실시한다.

문제 55 브레이크와 타이어 등 차량 결함 사고 발생 시 대처방법으로 옳지 않은 것은?

① 차의 앞바퀴가 터지는 경우 핸들을 단단하게 잡아 차가 한 쪽으로 쏠리는 것을 막고, 의도한 방향을 유지한 다음 속도를 줄인다.
② 앞바퀴의 바람이 빠져 차가 한쪽으로 미끄러지는 것을 느끼면 핸들 방향을 미끄러지는 반대방향으로 돌려주어 대처한다.
③ 앞·뒤 브레이크가 동시에 고장 시 브레이크 페달을 반복해서 빠르고 세게 밟으면서 주차 브레이크도 세게 당기고 기어도 저단으로 바꾼다.
④ 페이딩 현상이 일어나면 차를 멈추고 브레이크가 식을 때까지 기다린다.

문제 56 회전교차로의 일반적인 특징으로 적절하지 않은 것은?

① 신호교차로에 비해 유지관리 비용이 적게 든다.
② 인접 도로 및 지역에 대한 접근성을 높여 준다.
③ 지체시간이 감소되어 연료 소모와 배기가스를 줄일 수 있다.
④ 사고빈도가 높아 교통안전 수준을 저하시킨다.

문제 57 교통사고 요인의 가설적 연쇄과정 중 인간요인에 의한 연쇄과정과 거리가 먼 것은?

① 출근이 늦어졌다.
② 과속으로 운전을 한다.
③ 초조하게 운전을 한다.
④ 비가 오고 있다.

문제 58 시가지 이면도로에서 위험하게 느껴지는 자동차나 자전거·보행자 등을 발견하였을 때의 방어운전 방법으로서 부적절한 것은?

① 그 움직임을 주시하면서 운행한다.
② 상대에게 경음기나 전조등 등으로 주의를 주면서 운행한다.
③ 자전거나 이륜차의 갑작스런 회전 등에 대비한다.
④ 주·정차된 차량이 출발하려고 할 때에는 감속하여 안전거리를 확보한다.

문제 59 평면곡선부에서 자동차가 원심력에 저항할 수 있도록 하기 위하여 설치하는 횡단 경사를 무엇이라 하는가?

① 시거
② 축대
③ 편경사
④ 종단경사

문제 60 보행자가 교차하는 차량의 불빛 중간에 있게 되면 운전자가 순간적으로 보행자를 전혀 보지 못하는 현상을 말하는 것은?

① 현혹현상
② 증발현상
③ 명순응
④ 암순응

문제 61 목적지를 찾느라 전방을 주시하지 못해 보행자와 충돌했다면 다음 중 무엇과 관련이 있는가?

① 주의의 정착
② 주의의 분산
③ 주의의 고착
④ 주의의 분할

문제 62 운전자가 제동을 시작하여 자동차가 완전히 정지할 때까지 진행한 시간을 무엇이라 하는가?

① 제동시간
② 정지시간
③ 공주시간
④ 정차거리

문제 63 안전한 주행을 위한 방법으로 적당하지 않은 것은?
① 교통량이 많은 곳에서는 후미추돌을 방지하기 위하여 감속 주행한다.
② 곡선반경이 작은 도로에서는 감속하여 안전하게 통과한다.
③ 터널 등 조명조건이 불량한 곳에서는 최대한 가속하여 빨리 벗어난다.
④ 주행하는 차들과 제한속도를 넘지 않는 범위 내에서 속도를 맞추어 주행한다.

문제 64 지방도에서의 시인성 확보를 위해 문제를 야기할 수 있는 전방 몇 초의 상황을 확인하는 것이 좋은가?
① 1~4초
② 5~8초
③ 9~11초
④ 12~15초

문제 65 주행 차로를 벗어난 차량이 도로상의 구조물 등과 충돌하기 전에 자동차의 충격 에너지를 흡수하여 정지하도록 하는 시설로 주로 교각이나 교대, 지하차도의 기둥 등에 설치하는 시설은 무엇인가?
① 긴급제동시설
② 방호울타리
③ 충격흡수시설
④ 과속방지시설

문제 66 심폐소생술을 실시할 경우 가슴압박과 인공호흡의 적절한 비율은?
① 30 : 8
② 30 : 4
③ 30 : 2
④ 30 : 1

문제 67 다음 중 간선급행버스체계의 특성이 아닌 것은?
① 효율적인 사전 요금징수 시스템 채택
② 신속한 승·하차 가능
③ 정류장 금연구역 단속 및 안내
④ 중앙버스전용차로와 같은 분리된 버스전용차로 제공

문제 68 전조등의 올바른 사용에 해당되지 않는 것은?
① 야간운전의 안전운행을 위하여 필요한 경우 상향등을 사용한다.
② 반대차로에 차가 있으면 상대 운전자의 안전을 위하여 전조등을 변환빔(하향등)으로 조정한다.
③ 반대차로 운전자의 눈부심 현상 방지를 위하여 변환빔(하향등)으로 조정한다.
④ 야간에 커브 길을 진입하기 전에 반대차로의 차량 운행과 관계없이 상향등을 사용한다.

문제 69 운수사업자가 자율적으로 요금을 정하는 운송사업은?
① 시내버스운송사업
② 전세버스운송사업
③ 시외버스운송사업
④ 농어촌버스운송사업

문제 70 폭설 및 폭우로 운행이 불가능하게 된 경우의 조치사항으로 부적절한 것은?
① 차량 내 이상 여부를 확인한다.
② 업체에 현재 위치를 알린다.
③ 신속하게 안전지대로 차량을 이동시킨다.
④ 차 앞에서 구조를 기다린다.

문제 71 버스준공영제의 유형 중 형태에 의한 분류에 해당하지 않는 것은?
① 노선 공동관리형
② 차고지 공동관리형
③ 수입금 공동관리형
④ 자동차 공동관리형

문제 72 운행 중 주의사항에 해당하지 않는 것은?
① 내리막길에서 풋 브레이크를 장시간 사용하지 않고 엔진 브레이크 사용
② 차량이 추월하는 경우 감속 등 양보 운전
③ 후진 시 유도요원을 배치하여 수신호에 따라 안전하게 후진
④ 차량 없는 도로에서 신속한 승객수송을 위한 과속운전

문제 73 운수종사자는 안전운행과 다른 승객의 편의를 위하여 어떤 행위에 대하여 제지하고 필요한 사항을 안내해야 하는데, 다음 행위 중에서 제지할 수 없는 행위는?

① 폭발성 물질, 인화성 물질 등의 위험물을 자동차 안으로 가지고 들어오는 행위
② 전용 운반상자 없이 애완동물을 자동차 안으로 데리고 들어오는 행위
③ 자동차의 출입구를 막을 우려가 있는 물품을 자동차 안으로 가지고 들어오는 행위
④ 장애인 보조견을 자동차 안으로 데리고 들어오는 행위

문제 74 버스운행관리시스템의 기대효과 중 이용주체가 다른 하나는?

① 버스도착 예정시간 사전확인
② 운행정보 인지로 정시 운행
③ 앞·뒤차 간의 간격인지로 차 간 간격 조정운행
④ 운행상태 완전노출로 운행질서 확립

문제 75 사고현장의 측정 및 사진촬영을 위해 확인해야 할 사항이 아닌 것은?

① 목격자에 대한 사고 상황
② 사고지점의 위치
③ 사고현장에 대한 가로방향 및 세로방향의 길이
④ 차량 및 노면에 나타나는 물리적 흔적 및 시설물 등의 위치

문제 76 승객을 위해서는 이미지 관리도 매우 중요하다. 이에 대한 설명으로 적절하지 않은 것은?

① 이미지란 개인의 사고방식, 생김새, 태도 등에 대해 상대방이 갖는 느낌이다.
② 의도적으로 긍정적인 이미지를 만들어야 한다.
③ 개인의 이미지는 본인에 의해 결정되는 것이다.
④ 이미지는 상대방이 보고 느낀 것에 의해 결정된다.

문제 77 버스전용차로 설치에 있어 적절하지 않은 것은?

① 대중교통 이용자들의 폭넓은 지지를 받는 구간
② 전용차로를 설치하고자 하는 구간의 교통정체가 심한 곳
③ 버스 통행량이 일정수준 이상이고, 1인 승차 승용차의 비중이 높은 구간
④ 편도 7차로 이상의 도로로 전용차로 설치에 문제가 없는 구간

문제 78 고객서비스의 특징 중 무형성에 대한 설명으로 바르지 못한 것은?

① 서비스를 측정하기는 어렵지만 누구나 느낄 수 있다.
② 서비스는 공급자에 의해 제공됨과 동시에 승객에 의해 소비된다.
③ 버스 승차를 경험한 이후 서비스에 대한 질적 수준을 인지할 수 있다.
④ 운송서비스 수준은 버스의 운행횟수, 운행시간, 차종, 목적지 도착시간 등의 영향을 받을 수 있다.

문제 79 승객만족의 개념 및 중요성에 대한 설명으로 옳지 않은 것은?

① 승객만족이란 승객의 기대에 부응하는 양질의 서비스를 제공하여 승객이 만족감을 느끼게 하는 것이다.
② 지속적인 서비스 교육 시행 등 승객을 만족시키기 위한 분위기 조성은 경영자의 몫이다.
③ 실제로 승객을 상대하고 승객을 만족시키는 사람은 승객과 접촉하는 최일선의 운전자이다.
④ 승객이 느끼는 일부 운전자에 대한 불만족은 회사 전체 평가에는 크게 영향을 미치지 않는다.

문제 80 교통카드시스템 구성 중 단말기의 구조장치에 해당하지 않는 것은?

① 카드인식장치
② 전원공급장치
③ 정보처리장치
④ 킷값 관리장치

02 실전모의고사 2회 [해설과 정답]

해설 01 건널목의 가장자리 또는 횡단보도로부터 10m 이내인 곳은 정차 및 주차가 금지된다.

해설 02 벌점의 정의를 묻는 문제이다.
- **누산점수** : 위반·사고 시의 벌점을 누적하여 합산한 점수에서 상계치(무위반·무사고 기간 경과 시에 부여되는 점수 등)를 뺀 점수를 말한다.
- **처분벌점** : 구체적인 법규위반·사고야기에 대하여 앞으로 정지처분기준을 적용하는 데 필요한 벌점을 말한다.

해설 03 차로 변경 후 상당 구간 진행 중인 차량을 뒤차가 추돌한 경우는 진로변경(급차로 변경) 사고의 성립요건의 예외사항이다.

해설 04 시도지사는 자가용자동차를 사용하는 자가 자가용자동차를 사용하여 여객자동차 운송사업을 경영한 경우이거나 허가를 받지 아니하고 자가용자동차를 유상으로 운송에 사용하거나 임대한 경우에 6개월 이내의 기간을 정하여 그 자동차의 사용을 제한하거나 금지할 수 있다.(법 제83조)

해설 05 광역급행형 운행형태에 대한 설명이다. 추가적으로 광역급행형은 관할관청이 인정하는 경우에 한하여 기점 및 종점으로부터 7.5km 이내에 위치한 각각 6개 이내의 정류소에 정차할 수 있다.

해설 06 **전세버스 운송사업**
운행계통을 정하지 아니하고 전국을 사업구역으로 정하여 1개의 운송계약에 따라 국토교통부령으로 정하는 자동차를 사용하여 여객을 운송하는 사업으로 회사나 학교와 운송계약을 체결하여 그 소속원만의 통근·통학 목적으로 자동차를 운행하는 운송사업을 말한다.

해설 07 횡단보도에서 보행자 보호의무 위반사고는 교통사고에 해당하며, 해당 사고로 인해 인명피해가 발생하면 형사처벌의 대상이 된다.

해설 08 고속도로 및 자동차전용도로에서의 금지행위에 긴급이륜자동차와 관련된 통행금지조항은 나와 있지 않다.

해설 09 1회 위반 시는 20만 원, 2회 위반 시는 30만 원, 3회 위반 시는 50만 원의 과태료가 부과된다.

해설 10 현장참여교육에 대해 묻는 문제이다.

2. 실전모의고사 2회 [해설과 정답]

해설 11 상대 차량의 측면을 충돌한 경우여야 한다.

해설 12 혈중알코올 농도 0.03% 미만에서의 음주운전은 처벌 불가하다.

해설 13 교차로 또는 그 부근에서 긴급자동차가 접근한 때에는 교차로를 피하여 일시 정지하여야 한다.

해설 14 운전자가 5분을 초과하지 아니하고 차를 정지시키는 것으로서 주차 외의 정지상태를 정차라 한다.

해설 15 차량 정비 중 안전부주의로 피해를 입은 경우는 예외사항이다.

해설 16 같은 방향으로 가고 있는 앞차가 갑자기 정지하게 되는 경우 그 앞차와의 추돌을 피할 수 있는 필요한 거리로 정지거리보다 약간 긴 정도의 거리를 안전거리라 한다.

해설 17 스키드마크의 정의를 묻는 문제이다.

해설 18 여객자동차 운수사업법상 노선의 정의를 묻는 문제이다.

해설 19 차량이 정지하고 있는 경우에는 휴대용 전화를 사용할 수 있다.

해설 20 큰 동물을 몰고 가는 사람은 차도의 우측을 이용하여 통행할 수 있다.

해설 21 위반행위에 대한 처분기준이 운전면허의 취소처분 시 감경 사유에 해당하는 경우에는 처분벌점을 110점으로 한다.

해설 22 안전띠 미착용은 승용차, 승합차 모두 3만 원이다.

해설 23 사고발생 시부터 72시간 이내에 사망한 인적 피해 교통사고의 경우에는 사망 1명마다 90점의 벌점이 부과된다.

해설 24 4과목 총 100점 중 60점 이상, 즉 총점의 6할 이상 득점하여야 합격한다.

해설 25 각종 제한, 금지 등의 규제를 도로사용자에게 알리는 표지는 규제표지이다.

해설 26 CNG 램프가 점등될 경우 가스 연료량의 부족으로 엔진의 출력이 낮아져 정상적인 운행이 불가능할 수 있으므로 가스를 재충전한다.

해설 27 와셔액 탱크가 비어 있을 경우에 와이퍼를 작동시키면 와이퍼 모터가 손상될 수 있다.

해설 28 연료주입구 캡은 시계 반대방향으로 돌려야 열리거나 분리된다.

해설 29 정부 재원을 확보하기 위해 자동차 검사를 하는 것은 아니다.

해설 30 배기 브레이크 스위치를 작동시키면 배기 브레이크 표시등에 불이 들어온다.

해설 31 스프링에는 판, 코일, 토션바, 공기스프링이 있다.

해설 32 레이디얼 타이어는 충격을 흡수하는 강도가 적어 승차감이 좋지 않다.

해설 33 냉각수 부족으로 엔진이 과열되었을 경우에는 급하게 차가운 냉각수를 공급하면 엔진에 균열이 발생할 수 있다.

해설 34 감속 브레이크는 제3의 브레이크라고도 하며, 엔진·제이크·배기·리타더 브레이크가 있다.

해설 35 아세톤, 에나멜, 표백제 등으로 세척할 경우에는 변색되거나 손상이 발생할 수 있다.

해설 36 점화플러그의 마모는 모터작동과 관련이 없다.

해설 37 가입하지 아니한 기간이 10일 이내인 경우 3만 원, 10일 초과 시 1일마다 8천 원씩 가산되며, 최고 100만 원까지 부과된다.

해설 38 눈길, 진흙길, 모랫길에서는 2단 기어를 사용하여 차바퀴가 헛돌지 않도록 천천히 가속한다.

해설 39 램프의 점멸 및 파손 여부는 차의 외관 점검내용이다.

해설 40 휠 얼라인먼트에는 캠버, 캐스터, 토인, 조향축(킹핀), 경사각 등이 있다.

해설 41 초보운전자는 주관적 안전과 객관적 안전을 균형적으로 인식하지 못해서 위험도가 높다.

해설 42 반드시 저단 기어 상태에서 차를 멈출 필요는 없다.

해설 43 횡단보도 부근으로 보행자가 횡단하고 있을 때 가장 올바른 운전방법은 보행자의 통행을 방해하지 않도록 정지했다가 통과하는 것이다.

해설 44 길어깨는 도로를 보호하고 비상시에 이용하기 위하여 차도와 연결하여 설치하는 도로의 부분으로 갓길이라고도 한다.

해설 45 앞차와의 간격을 좁혀 앞지르기 시도를 막으면 충돌위험이 급격히 증가하게 된다.

2. 실전모의고사 2회 [해설과 정답]

해설 46 야간에 식별이 가장 곤란한 보행자는 검은색 옷을 입은 보행자이다.

해설 47 원심력은 평면곡선 반지름, 타이어와 노면의 횡방향 마찰력, 편경사와 관련이 있다. 시선유도시설은 힘과 관련이 없다.

해설 48 눈, 빗길에서는 미끄럼이 발생하여 제동거리가 길어지므로 사고 가능성이 높아진다. 따라서 눈, 빗길에서 노면에 대한 관찰 및 주의가 결여되면 사고로 이어질 확률이 높아진다.

해설 49 혈중알코올 농도에는 음주량, 사람의 체중, 성별, 위 내 음식물의 종류, 음주 후 측정시간 등이 영향을 미친다. 모발의 상태는 혈중알코올 농도와 관련이 없다.

해설 50 다른 차량과의 합류 시, 차로변경 시, 진입차선을 통해 고속도로로 들어갈 때에는 적어도 4초의 간격을 허용하도록 한다.

해설 51 시야 고정이 많은 운전자는 위험에 대응하기 위해 경적이나 전조등을 좀처럼 사용하지 않는다. 위험 자체에 대한 인지가 부족하기 때문이다.

해설 52 타이어 마모에 영향을 주는 요인으로는 무거운 하중, 빠른 속도, 급커브, 잦은 브레이크, 거친 노면, 정비불량, 높은 기온, 운전습관, 트레드 패턴 등이 있다. 저속으로 주행하면 고속주행에 비해 상대적으로 타이어가 보호된다.

해설 53 버스정류장(Bus Bay)은 본선에서 분리하여 설치된 띠 모양의 공간이며, 버스정류소(Bus Stop)는 본선의 오른쪽 차로를 그대로 이용하는 공간을 말한다.

해설 54 습기를 제거할 때에는 배터리를 반드시 분리한 상태에서 실시한다.

해설 55 차가 한쪽으로 미끄러지는 것을 느껴 핸들 방향을 미끄러지는 방향으로 돌려주어 대처하는 것은 뒷바퀴의 바람이 빠졌을 때의 대처방법이다.

해설 56 회전교차로는 일반적으로 사고빈도가 낮아 교통안전 수준을 향상시키는 특징이 있다.

해설 57 비가 오는 것은 환경요인이다.
인간 요인에 의한 연쇄과정은 다음과 같은 예를 들 수 있다.
- 아내와 싸웠다.
- 출근이 늦어졌다.
- 초조하게 운전을 한다.
- 과속으로 운전을 한다.
- 전방 커브에 느린 차를 미처 발견하지 못한다.

해설 58 시가지 이면도로에서 경음기나 전조등을 이용하는 것은 올바른 방어운전 방법이 아니다.

해설 59 편경사에 대한 정의를 묻는 문제이다.

해설 60 야간에 대향차의 전조등 눈부심으로 인해 순간적으로 보행자를 잘 볼 수 없게 되는 현상으로 보행자가 교차하는 차량의 불빛 중간에 있게 되면 운전자가 순간적으로 보행자를 전혀 보지 못하는 현상을 증발현상이라 한다.

해설 61 선택적 주시과정에서 어느 한 물체에 시선을 뺏겨 오래 머무는 현상을 주의의 고착이라고 한다.

해설 62 자동차가 제동을 시작하여 완전히 정지하기 전까지의 시간을 제동시간이라 한다.

해설 63 해질 무렵, 터널 등 조명조건이 불량한 경우에는 감속하여 주행하여야 한다.

해설 64 지방도에서의 시인성 확보를 위해서는 문제를 야기할 수 있는 전방 12~15초의 상황을 확인한다. 거기까지 볼 수 없다면 시야가 트일 때까지 속도를 줄이고 제동준비를 해야 한다.

해설 65 충격흡수시설의 정의를 묻는 문제이다.

해설 66 심폐소생술 시술 시 가슴압박 30회와 인공호흡 2회를 반복한다.

해설 67 정류장 금연구역의 단속과 안내 등은 버스체계의 특성과 관련이 없다.

해설 68 야간에 커브 길을 진입하기 전에 상향등을 깜박거려 반대차로를 주행하고 있는 차에게 자신의 진입을 알린다.

해설 69 전세버스와 특수여객은 자율적으로 요금을 결정한다.

해설 70 차 앞에서 구조를 기다리는 경우 2차 사고 발생 시 인명피해의 우려가 있다.

해설 71 버스준공영제는 형태에 따라 노선, 수입금, 자동차 공동관리형으로 구분된다.

해설 72 어떠한 경우에도 과속운전을 해서는 안 된다.

해설 73 장애인 보조견을 자동차 안으로 데리고 들어오는 경우 제지해서는 안 된다.

해설 74 버스도착 예정시간 사전확인은 이용자(승객)의 기대효과이다.

해설 75 목격자에 대한 사고 상황조사는 사고당사자 및 목격자 조사 시에 확인해야 할 일이다.

해설 76 개인의 이미지는 상대방에 의해 결정된다.

해설 77 편도 3차로 이상의 도로로 기하구조가 전용차로를 설치하기 적당한 구간에 설치한다.

해설 78 제공됨과 동시에 소비되는 것은 동시성에 대한 설명이다.

해설 79 100명의 운수종사자 중 99명이 바람직한 서비스를 제공한다 하더라도 승객이 접해본 단 한 명이 불만족스러웠다면 승객은 그 한 명을 통하여 회사 전체를 평가하게 된다.

해설 80 단말기는 카드인식, 정보처리, 킷값 관리, 정보저장장치로 구성된다.

[정답]

1	2	3	4	5	6	7	8	9	10
②	②	④	②	①	③	④	②	④	④
11	12	13	14	15	16	17	18	19	20
④	③	①	①	④	①	①	②	③	①
21	22	23	24	25	26	27	28	29	30
②	②	①	②	③	④	④	①	③	①
31	32	33	34	35	36	37	38	39	40
④	③	②	②	④	②	②	③	③	①
41	42	43	44	45	46	47	48	49	50
③	③	④	④	③	②	②	③	③	③
51	52	53	54	55	56	57	58	59	60
①	③	①	④	②	④	④	②	③	②
61	62	63	64	65	66	67	68	69	70
③	①	③	④	③	③	③	④	②	④
71	72	73	74	75	76	77	78	79	80
②	④	④	①	①	③	④	②	④	②

03 실전모의고사 3회

문제 01 교차로 통행방법 위반사고로 볼 수 없는 것은?
① 뒤차가 교차로에서 좌회전하다 앞차의 측면을 접촉하여 발생한 사고
② 교차로에서 안전운전 불이행으로 앞차의 측면을 접촉하여 발생한 사고
③ 교차로에서 신호위반 차량에 충돌되어 피해를 입은 사고
④ 교차로에서 우회전하다 옆 차의 측면을 접촉하여 발생한 사고

문제 02 교통사고로 인한 사망사고의 성립요건으로 맞지 않는 것은?
① 모든 장소에서 차의 교통으로 인한 사고
② 자동차 본래의 운행목적이 아닌 작업 중 과실로 피해자가 사망한 경우
③ 운전자로서 요구되는 업무상 주의의무를 소홀히 한 과실
④ 운행 중인 자동차에 충격되어 사망한 경우

문제 03 고속도로에서 저속으로 오르막을 오를 때 사용하는 차로는?
① 주행차로
② 가속차로
③ 감속차로
④ 오르막차로

문제 04 자동차의 운전자가 고속도로 또는 자동차전용도로에서 차를 정지하거나 주차할 수 없는 경우는?

① 경찰공무원의 지시에 따르거나 위험을 방지하기 위하여 일시 정차 또는 주차시키는 경우
② 고장이나 그 밖의 부득이한 사유로 길가장자리구역(갓길을 포함)에 정차 또는 주차시키는 경우
③ 버스가 승객의 요청으로 정차 또는 주차한 경우
④ 통행료를 내기 위하여 통행료를 받는 곳에서 정차하는 경우

문제 05 도로상태가 위험하여 운전자가 사전에 필요한 조치를 할 수 있도록 알리는 기능을 하는 안전표지는?

① 주의표지 ② 규제표지 ③ 보조표지 ④ 노면표시

문제 06 다음 중 운행계통을 정하지 아니하고 전국을 사업구역으로 하여 1개의 운송계약에 따라 승차정원 16인승 이상의 승합자동차를 사용하여 여객을 운송하는 사업은?

① 전세버스 운송사업 ② 농어촌버스 운송사업
③ 마을버스 운송사업 ④ 시외버스 운송사업

문제 07 후진에 의한 교통사고에 대한 설명으로 틀린 것은?

① 대로상에서 뒤에 있는 일정한 장소나 다른 길로 진입하기 위해 상당한 구간을 계속 후진하다가 정상진행 중인 차량과 충돌한 경우는 안전운전불이행 사고로 본다.
② 도로보수를 위한 응급조치작업에 사용되는 자동차로 부득이하게 후진하다 사고가 발생한 경우는 운전자 과실이 아니다.
③ 후진사고가 성립되기 위해서는 후진하는 차량에 충돌되어 피해를 입어야 한다.
④ 후진하기 위하여 주의를 기울였음에도 불구하고 다른 차량의 정상적인 통행을 방해하여 충돌한 경우는 후진 위반에 의한 교통사고로 본다.

문제 08 특수여객자동차 운송사업용 자동차의 표시는?
① 일반 ② 장의
③ 전세 ④ 한정

문제 09 도로교통법에서 정하는 보행자의 도로횡단 방법 중 횡단보도가 설치되어 있지 아니한 도로에서 횡단하는 방법으로 올바른 것은?
① 도로의 중앙으로 횡단한다.
② 무조건 횡단보도가 있는 곳으로 이동하여 횡단한다.
③ 도로의 가장 짧은 거리로 횡단한다.
④ 도로의 가장 긴 거리로 횡단한다.

문제 10 버스운전 자격시험의 필기시험 합격기준은?
① 필기시험 총점의 5할 이상
② 필기시험 총점의 6할 이상
③ 필기시험 총점의 7할 이상
④ 필기시험 총점의 8할 이상

문제 11 어린이통학버스로 신고할 수 있는 자동차의 정원으로 맞는 것은?
① 승차정원 5인승 이상 ② 승차정원 7인승 이상
③ 승차정원 9인승 이상 ④ 승차정원 11인승 이상

문제 12 다음 중 특별한 교통안전교육의 종류가 아닌 것은?
① 교통특별교육 ② 현장참여교육
③ 법규준수교육 ④ 음주운전교육

문제 13 다른 사람의 수요에 응하여 자동차를 사용하여 유상으로 여객을 운송하는 사업을 말하는 것은?

① 화물자동차운송사업
② 여객자동차 운송사업
③ 여객운송부가서비스
④ 여객자동차터미널사업

문제 14 사고운전자가 형사상 합의가 안 되어 형사처벌 대상이 되는 중상해의 범위로 볼 수 없는 상해는?

① 사고 후유증으로 중증의 정신장애
② 완치 가능한 사고 후유증
③ 사지절단
④ 생명유지에 불가결한 뇌의 중대한 손상

문제 15 다음 중 도로교통법상 정의가 잘못된 것은?

① '자동차관리법'에 따른 이륜자동차 가운데 배기량이 125cc인 이륜자동차는 자동차로 정의된다.
② 2톤의 지게차는 자동차로 정의된다.
③ 트럭적재식 천공기는 자동차이다.
④ 원동기장치자전거를 제외한 이륜자동차는 자동차에 포함된다.

문제 16 승합자동차 등의 속도위반과 관련한 범칙금액이 틀린 것은?

① 제한속도를 20km/h 이하로 넘긴 속도위반 : 5만 원
② 제한속도를 20km/h 초과 40km/h 이하로 넘긴 속도위반 : 7만 원
③ 제한속도를 40km/h 초과 60km/h 이하로 넘긴 속도위반 : 10만 원
④ 제한속도를 60km/h 초과한 속도위반 : 13만 원

문제 17 도로교통법령상 운전 중 일시정지를 해야 할 상황이 아닌 것은?

① 교차로에서 좌·우회전하는 경우
② 교차로 또는 그 부근에서 긴급자동차가 접근한 때
③ 어린이가 보호자 없이 도로를 횡단하는 때
④ 차량신호등의 적색등화가 점멸하고 있는 경우

문제 18 운전면허가 취소되는 경우는?

① 교통사고를 일으켜서 중상을 입힌 경우
② 혈중알코올 농도가 0.01%인 상태에서 운전하여 사람을 다치게 한 경우
③ 혈중알코올 농도가 0.06%인 상태로 운전한 경우
④ 교통사고를 일으키고 구호조치를 하지 아니한 경우

문제 19 여객자동차 운수사업에 사용되는 승합자동차의 차량이 다른 것은?

① 시외버스 운송사업용
② 특수여객자동차 운송사업용
③ 시내버스 운송사업용
④ 수요응답형 운송사업용

문제 20 다음 중 교통사고로 처리하는 경우는?

① 자살·자해행위로 인정되는 경우
② 확정적 고의에 의하여 타인을 사상하거나 물건을 손괴한 경우
③ 낙하물에 의하여 차량 탑승자가 사상하였거나 물건이 손괴된 경우
④ 터널 안에서 횡단하는 보행자를 사상한 경우

문제 21 다음 중 안전운전 불이행 사고의 성립요건이 아닌 것은?

① 차내 대화 등으로 운전을 부주의한 경우
② 운전자의 과실을 논할 수 없는 사고
③ 자동차 장치조작을 잘못한 경우
④ 타인에게 위해를 준 난폭운전의 경우

문제 22 도로교통법령상 제1종 대형 또는 특수면허를 받을 수 있는 자격기준은?

① 제2종 면허 취득 후 운전경험이 1년 이상이고 19세 이상인 사람
② 제2종 면허 취득 후 운전경험이 3년 이상이고 19세 이상인 사람
③ 제2종 면허 취득 후 운전경험이 1년 이상이고 20세 이상인 사람
④ 제2종 면허 취득 후 운전경험이 3년 이상이고 20세 이상인 사람

문제 23 다음 중 횡단보도 보행자로 인정되는 경우는?

① 횡단보도에 엎드려 있는 사람
② 세발자전거를 타고 횡단보도를 건너는 어린이
③ 횡단보도 내에서 택시를 잡고 있는 사람
④ 횡단보도에서 자전거를 타고 가는 사람

문제 24 다음 중 정차 및 주차가 모두 금지되는 장소가 아닌 곳은?

① 터널 안 및 다리 위
② 교차로의 가장자리 또는 도로의 모퉁이로부터 5m 이내인 곳
③ 건널목의 가장자리 또는 횡단보도로부터 10m 이내인 곳
④ 안전지대가 설치된 도로에서는 그 안전지대의 사방으로부터 각각 10m 이내인 곳

문제 25 어린이 통학버스의 색상으로 맞는 것은?

① 황색   ② 흰색   ③ 적색   ④ 청색

문제 26 운행 후 점검사항 중 외관점검에 해당되지 않는 것은?

① 엔진오일의 양은 적당하며 점도는 이상이 없는지 여부
② 차체가 기울지 않았는지 여부
③ 차체에 부품이 떨어진 곳은 없는지 여부
④ 후드(보닛)의 고리가 빠지지는 않았는지 여부

문제 27 운행 전 충분한 시계를 확보하기 위해 조정하는 것은?

① 핸들 　　② 에어컨 　　③ 브레이크 　　④ 후사경

문제 28 다음 중 자동차 조향장치인 토인(Toe-In)에 대한 설명으로 틀린 것은?

① 앞방향으로 미끄러지는 것을 방지한다.
② 앞바퀴를 평행하게 회전시킨다.
③ 타이어의 마멸을 방지한다.
④ 조향 링키지의 마멸에 의해 토아웃(Toe-Out) 되는 것을 방지한다.

문제 29 완충(현가)장치인 스프링 중 코일 스프링에 대한 설명 중 틀린 것은?

① 판 스프링과 같이 판 간 마찰이 없어 진동에 대한 감쇠작용을 못한다.
② 단위중량당 에너지 흡수율이 판 스프링보다 작고 유연하여 승용차에 많이 사용된다.
③ 옆 방향 작용력에 대한 저항력이 없다.
④ 차축을 지지할 때는 링크기구나 쇽업쇼버를 필요로 하므로 구조가 복잡하다.

문제 30 자동차의 동력발생장치에서 발생한 동력을 주행상황에 맞는 적절한 상태로 변화를 주어 바퀴에 전달하는 장치를 무엇이라 하는가?

① 동력이동장치 　　② 동력전달장치
③ 동력차단장치 　　④ 동력순환장치

문제 31 풋 브레이크가 작동하지 않는 경우 응급조치 요령으로 가장 적합한 것은?

① 고단 기어에서 저단 기어로 한 단씩 줄여 감속한 뒤에 주차 브레이크를 이용하여 정지한다.
② 주행 중 시동을 끄고 주차브레이크를 이용하여 정지한다.
③ 기어를 중립에 넣고 관성주행하여 정지할 때까지 주행한다.
④ 저단 기어에서 고단 기어로 한 단씩 올려서 시동이 꺼지면 주차브레이크를 이용하여 정지한다.

문제 32 자동차 터보차저의 관리 요령으로 맞지 않는 것은?

① 회전부의 원활한 윤활과 터보차저에 이물질이 들어가지 않도록 한다.
② 시동 전 오일량을 확인하고 시동 후 오일압력이 정상적으로 상승되는지 확인한다.
③ 운행 전 예비회전을 3~10분 정도 시켜준다.
④ 공회전 시 급가속을 자주한다.

문제 33 천연가스를 고압으로 압축하여 고압 압력용기에 저장한 기체상태의 연료는?

① 압축순환가스 ② 액상정제가스
③ 압축천연가스 ④ 압력천연가스

문제 34 자동차 계기판에서 연료탱크에 남아 있는 연료의 잔류량을 나타내는 것은?

① 전압계 ② 연료계
③ 충전계 ④ 급유계

문제 35 브레이크가 편제동되는 경우 추정할 수 있는 원인이 아닌 것은?

① 좌·우 타이어 공기압이 다르다.
② 타이어가 편마모되어 있다.
③ 라이닝 마모상태가 심하다.
④ 좌·우 라이닝 간극이 다르다.

문제 36 다음은 안전벨트 착용방법에 대한 설명이다. 가장 적절한 방법은?

① 안전벨트의 보호효과 증대를 위해 별도의 보조장치를 장착한다.
② 어깨벨트는 어깨 위와 목 부위를 지나도록 한다.
③ 허리벨트는 복부 부위를 지나도록 한다.
④ 허리벨트는 골반 위를 지나 엉덩이 부위를 지나도록 한다.

문제 37 공기식 브레이크의 구성품 중 공기 탱크 내의 압력이 규정 값이 되었을 때 밸브를 닫아 탱크 내의 공기가 새지 않도록 하는 것은?
① 브레이크 밸브
② 릴레이 밸브
③ 체크 밸브
④ 퀵 릴리스 밸브

문제 38 책임보험이나 책임공제에 미가입한 경우 가입하지 아니한 기간이 10일 이내이면 과태료 금액은 얼마인가?
① 1만 원
② 3만 원
③ 5만 원
④ 7만 원

문제 39 고속도로를 운행할 때 자동차의 안전운행 요령으로 적합하지 않은 것은?
① 연료, 냉각수, 엔진오일, 각종 벨트, 타이어 공기압 등을 운행 전에 점검한다.
② 터널의 출구 부분을 나올 때에는 속도를 줄인다.
③ 고속도로를 벗어날 경우 미리 출구를 확인하고 방향지시등을 작동시킨다.
④ 고속도로에서 운행할 때에는 풋 브레이크만 사용하여야 한다.

문제 40 사업용 자동차의 차령을 연장하고자 할 때 시행하는 검사 종류는?
① 불시검사
② 임시검사
③ 튜닝검사
④ 신규검사

문제 41 주행 차로를 벗어난 차량이 도로상의 구조물 등과 충돌하기 전에 자동차의 충격 에너지를 흡수하여 정지하도록 하는 시설로 주로 교각이나 교대, 지하차도의 기둥 등에 설치하는 시설은 무엇인가?
① 긴급제동시설
② 방호울타리
③ 충격흡수시설
④ 과속방지시설

문제 42 일정 거리에서 일정한 시표를 보고 모양을 확인할 수 있는지를 가지고 측정하는 시력을 무엇이라 하는가?

① 정지시력 ② 동체시력
③ 정체시력 ④ 미간시력

문제 43 안전운전을 위한 효율적인 정보처리 과정의 순서로 맞게 나열된 것은?

① 예측 - 판단 - 확인 - 실행
② 예측 - 확인 - 판단 - 실행
③ 확인 - 예측 - 판단 - 실행
④ 확인 - 판단 - 예측 - 실행

문제 44 어린이보호구역이 있는 시가지 이면도로에서의 방어운전 방법으로서 가장 적절하지 않은 것은?

① 시속 40km 정도로 주행한다.
② 자동차나 어린이가 갑자기 출현할 수 있다는 생각을 가지고 운전한다.
③ 언제라도 곧 정지할 수 있는 마음의 준비를 갖춘다.
④ 위험한 대상물이 있는지 계속 살펴본다.

문제 45 커브길 주행 시 방어운전 방법으로 바르지 않은 것은?

① 급커브길에서 앞지르기 금지표지가 없을 경우에는 안전상황에 대한 확인 없이 앞지르기 한다.
② 경음기, 전조등을 사용하여 내 차의 존재를 반대 차로의 운전자에게 알린다.
③ 겨울철 커브길에서는 사전에 충분히 감속한다.
④ 진입 전 감속된 속도에 맞는 기어로 변속한다.

문제 46 교통사고 요인의 가설적 연쇄과정 중 인간요인에 의한 연쇄과정과 거리가 먼 것은?
① 출근이 늦어졌다.
② 과속으로 운전을 한다.
③ 초조하게 운전을 한다.
④ 비가 오고 있다.

문제 47 버스 운전자로서의 기본자세 중 승용차와 차별되는 버스의 운전특성과 거리가 먼 것은?
① 주의의 부담이 크다.
② 5만km 정도의 주행경험만 되면 충분하다.
③ 승객의 안전을 책임진다.
④ 서비스 만족도를 높여야 한다.

문제 48 도로교통법령상 제1종 운전면허의 시력 기준은?
① 두 눈을 동시에 뜨고 잰 시력이 0.6 이상
② 두 눈을 동시에 뜨고 잰 시력이 0.8 이상
③ 양쪽 눈의 시력이 각각 0.6 이상
⑤ 양쪽 눈의 시력이 각각 0.8 이상

문제 49 운전 중 피로를 푸는 법으로 부적절한 것은?
① 차 안은 약간 더운 상태로 유지한다.
② 햇빛이 강할 때는 선글라스를 쓴다.
③ 정기적으로 차를 세우고 차에서 나와 가벼운 체조를 한다.
④ 차 안에는 항상 신선한 공기가 충분히 유입되도록 한다.

문제 50 지방도에서 사고 예방을 위한 운전 방법으로 적절하지 않은 것은?
① 천천히 움직이는 차는 바로 앞지르기를 시행한다.
② 교통신호등이 없는 교차로에서는 언제든지 감속 또는 정지 준비를 한다.
③ 낯선 도로를 운전할 때는 미리 갈 노선을 계획한다.
④ 동물이 주행로를 가로질러 건너갈 때는 속도를 줄인다.

문제 51 다음 중 옳은 것은?
① 안전거리 = 정지거리 + 제동거리
② 공주거리 = 정지거리 + 제동거리
③ 제동거리 = 안전거리 + 공주거리
④ 정지거리 = 공주거리 + 제동거리

문제 52 보행자가 교차하는 차량의 불빛 중간에 있게 되면 운전자가 순간적으로 보행자를 전혀 보지 못하는 현상을 말하는 것은?
① 현혹현상   ② 증발현상   ③ 명순응   ④ 암순응

문제 53 과로한 상태에서 교통표지를 못 보거나 보행자를 알아보지 못하는 것과 관계있는 것은?
① 판단력 저하   ② 주의력 저하
③ 지구력 저하   ④ 감정조절능력 저하

문제 54 여름철 차량 내부의 습기 제거에 대한 설명으로 적합하지 않은 것은?
① 차량 내부에 습기가 있는 경우에는 차체의 부식이나 악취발생을 방지하기 위하여 습기를 제거하여야 한다.
② 폭우 등으로 물에 잠긴 차량은 배선의 수분을 제거하지 않은 상태에서 시동을 걸면 전기장치의 퓨즈가 단선될 수 있다.
③ 폭우 등으로 물에 잠긴 차량은 우선적으로 습기를 제거해야 한다.
④ 습기를 제거할 때에는 배터리를 연결한 상태에서 실시한다.

문제 55 브레이크와 타이어 등 차량 결함 사고 발생 시 대처방법으로 옳지 않은 것은?

① 차의 앞바퀴가 터지는 경우 핸들을 단단하게 잡아 차가 한 쪽으로 쏠리는 것을 막고, 의도한 방향을 유지한 다음 속도를 줄인다.
② 앞바퀴의 바람이 빠져 차가 한쪽으로 미끄러지는 것을 느끼면 핸들 방향을 미끄러지는 반대방향으로 돌려주어 대처한다.
③ 앞·뒤 브레이크가 동시에 고장 시 브레이크 페달을 반복해서 빠르고 세게 밟으면서 주차 브레이크도 세게 당기고 기어도 저단으로 바꾼다.
④ 페이딩 현상이 일어나면 차를 멈추고 브레이크가 식을 때까지 기다린다.

문제 56 회전교차로의 일반적 특징으로 적절하지 않은 것은?

① 신호교차로에 비해 유지관리 비용이 적게 든다.
② 인접 도로 및 지역에 대한 접근성을 높여 준다.
③ 지체시간이 감소되어 연료 소모와 배기가스를 줄일 수 있다.
④ 사고빈도가 높아 교통안전 수준을 저하시킨다.

문제 57 초보운전자가 인식하는 안전에 대한 설명과 거리가 먼 것은?

① 주관적 안전을 객관적 안전보다 낮게 인식
② 운전에 대한 자신감을 갖게 되면 오히려 주관적 안전을 객관적 안전보다 크게 자각
③ 주관적 안전과 객관적 안전을 균형적으로 인식
④ 주관적 안전을 객관적 안전보다 높게 인식할 때 위험이 증가

문제 58 충격흡수시설에 대한 설명으로 틀린 것은?

① 도로상 구조물과 충돌하기 전 자동차 충격에너지 흡수
② 본래 주행차로로 복귀
③ 충돌 예상 장소에 설치
④ 사람과의 직접적 충돌로 인한 사고피해 감소

문제 59 다른 차가 자신의 차를 앞지르기 할 때의 방어운전에 대한 설명으로 부적절한 것은?

① 앞지르기를 시도하는 차가 원활하게 주행차로로 진입할 수 있도록 속도를 줄여준다.
② 앞지르기 금지장소 등에서도 앞지르기를 시도하는 차가 있다는 사실을 염두에 두고 주행한다.
③ 앞지르기 금지장소에서 후속차량이 앞지르기를 시도할 경우 안전을 위해 앞 차량과의 간격을 좁혀 시도를 막는다.
④ 앞지르기를 시도하는 차가 안전하고 신속하게 앞지르기를 완료할 수 있도록 한다.

문제 60 운전자가 운전 중 눈을 통해 얻은 운전 관련 정보의 비율은 어느 정도나 되는가?

① 100%　　② 90%　　③ 80%　　④ 70%

문제 61 고속도로에서의 방어운전 방법으로 옳지 않은 것은?

① 차로를 변경하기 위해서는 핸들을 점진적으로 튼다.
② 여러 차로를 가로지를 필요가 있을 경우에도 한 번에 한 차로씩 옮겨간다.
③ 고속으로 주행하기 때문에 차로 변경 시 신호하지 않아도 된다.
④ 교량, 터널 등 차로가 줄어드는 곳에서는 속도를 줄이고 주의하여 진입한다.

문제 62 길어깨와 관련 없는 것은?

① 갓길이라고도 한다.
② 비상시 이용을 위해 설치한다.
③ 도로 보호를 위해 설치한다.
④ 차도와 분리하여 설치한다.

문제 63 목적지를 찾느라 전방을 주시하지 못해 보행자와 충돌했다면 다음 중 무엇과 관련이 있는가?

① 주의의 정착   ② 주의의 분산
③ 주의의 고착   ④ 주의의 분할

문제 64 지방도에서의 시인성 확보를 위해 문제를 야기할 수 있는 전방 몇 초의 상황을 확인하는 것이 좋은가?

① 1~4초   ② 5~8초   ③ 9~11초   ④ 12~15초

문제 65 평면곡선부에서 자동차가 원심력에 저항할 수 있도록 하기 위하여 설치하는 횡단경사를 무엇이라 하는가?

① 시거   ② 축대   ③ 편경사   ④ 종단경사

문제 66 운수종사자는 안전운행과 다른 승객의 편의를 위하여 어떤 행위에 대하여 제지하고 필요한 사항을 안내해야 하는데, 다음 행위 중에서 제지할 수 없는 행위는?

① 폭발성 물질, 인화성 물질 등의 위험물을 자동차 안으로 가지고 들어오는 행위
② 전용 운반상자 없이 애완동물을 자동차 안으로 데리고 들어오는 행위
③ 자동차의 출입구를 막을 우려가 있는 물품을 자동차 안으로 가지고 들어오는 행위
④ 장애인 보조견을 자동차 안으로 데리고 들어오는 행위

문제 67 고객서비스의 특징 중 무형성에 대한 설명으로 바르지 못한 것은?

① 서비스를 측정하기는 어렵지만 누구나 느낄 수 있다.
② 서비스는 공급자에 의해 제공됨과 동시에 승객에 의해 소비된다.
③ 버스 승차를 경험한 이후 서비스에 대한 질적 수준을 인지할 수 있다.
④ 운송서비스 수준은 버스의 운행횟수, 운행시간, 차종, 목적지 도착시간 등의 영향을 받을 수 있다.

문제 68 다음 중 간선급행버스체계의 특성이 아닌 것은?

① 효율적인 사전 요금징수 시스템 채택
② 신속한 승·하차 가능
③ 정류장 금연구역 단속 및 안내
④ 중앙버스전용차로와 같은 분리된 버스전용차로 제공

문제 69 재난 발생 시 운전자의 조치사항으로 부적절한 것은?

① 승객의 안전조치를 우선으로 한다.
② 신속하게 차량을 안전지대로 이동시킨다.
③ 즉각 회사 및 유관기관에 보고한다.
④ 어떠한 경우라도 승객을 하차시켜서는 안 된다.

문제 70 버스준공영제의 유형 중 형태에 의한 분류에 해당하지 않는 것은?

① 노선 공동관리형　　　　② 차고지 공동관리형
③ 수입금 공동관리형　　　④ 자동차 공동관리형

문제 71 교통카드시스템의 집계시스템에 대한 설명으로 맞는 것은?

① 금액이 소진된 교통카드에 금액을 재충전하는 방식이다.
② 거래기록을 수집, 정산처리하고 결과를 은행으로 전송한다.
③ 단말기와 정산시스템을 연결하는 기능을 한다.
④ 충전시스템과 전화선으로 정산센터와 연계한다.

문제 72 운행 중 주의사항에 해당하지 않는 것은?

① 내리막길에서 풋 브레이크를 장시간 사용하지 않고 엔진 브레이크 사용
② 차량이 추월하는 경우 감속 등 양보 운전
③ 후진 시 유도요원을 배치하여 수신호에 따라 안전하게 후진
④ 차량 없는 도로에서 신속한 승객수송을 위한 과속운전

문제 73 심장의 기능이 정지하거나 호흡이 멈추었을 때에 인공호흡과 흉부압박을 지속적으로 시행하는 응급처치방법은?

① 쇼크증상처치
② 심폐소생술
③ 인공호흡법
④ 심장마사지법

문제 74 버스운행관리시스템의 기대효과 중 이용주체가 다른 하나는?

① 버스도착 예정시간 사전확인
② 운행정보 인지로 정시 운행
③ 앞·뒤차 간의 간격 인지로 차 간 간격 조정 운행
④ 운행상태 완전노출로 운행질서 확립

문제 75 버스와 정류장에 무선 송수신기를 설치하여 버스의 위치를 실시간으로 파악하고, 이를 이용해 이용자에게 실시간으로 버스운행정보를 제공하는 것은?

① 교통카드시스템
② 자동차관리정보시스템(VMIS)
③ 지능형 교통시스템(ITS)
④ 버스정보시스템(BIS)

문제 76 교통카드 중에서 IC카드에 해당되지 않는 것은?

① 접촉식
② 비접촉식
③ 하이브리드방식
④ 마그네틱방식

문제 77 운수종사자의 준수사항 중 여객의 안전과 사고예방을 위하여 운행 전 사업용 자동차의 이상 유무를 확인해야 하는 사항은?

① 불편사항 연락처 및 차고지 등을 적은 표지판
② 운행계통도
③ 등화장치
④ 운행시간표

문제 78 버스에서 발생하기 쉬운 사고유형과 대책에 대한 설명으로 부적절한 것은?
① 버스에서는 차내 전도사고가 절대다수를 차지한다.
② 버스는 불특정 다수를 수송하기 때문에 대형사고의 발생확률이 높다.
③ 대형 차량으로 교통사고 발생 시 인명피해가 크다.
④ 일반차량에 비해 운행거리 및 운행시간이 길어 사고의 발생 확률이 높다.

문제 79 도로 중앙에 설치된 중앙버스전용차로에 대한 설명으로 옳지 않은 것은?
① 일반 차량의 중앙버스전용차로 이용 및 주·정차를 막을 수 있어 차량의 운행속도 향상에 도움이 된다.
② 버스의 잦은 정류장 또는 정류소의 정차 및 갑작스런 차로 변경은 다른 차량의 교통흐름을 단절시키거나 사고 위험을 초래할 수 있다.
③ 버스의 운행속도를 높이는 데 도움이 되며, 승용차를 포함한 다른 차량들은 버스의 정차로 인한 불편을 피할 수 있다.
④ 일반 차량과 반대방향으로 운영하기 때문에 차로분리 안내시설 등의 설치가 필요하다.

문제 80 버스준공영제를 시행하는 목적에 부합되지 않는 것은?
① 여객자동차 운송사업의 합병
② 대중교통 이용 활성화
③ 수입금의 투명한 관리를 통한 시민신뢰 확보
④ 버스에 대한 이미지 개선

03 실전모의고사 3회 [해설과 정답]

해설 01 신호위반 차량에 충돌되어 피해를 입은 경우는 예외로 한다.

해설 02 자동차 본래의 운행목적이 아닌 작업 중 과실로 피해자가 사망한 경우는 예외로 한다.

해설 03 오르막차로란 고속도로에서 저속으로 오르막을 오를 때 사용하는 차로를 말한다.

해설 04 승객의 요청으로 정차 또는 주차해서는 안 된다.

해설 05 주의표지의 정의를 묻는 문제이다.

해설 06 **여객자동차 운송사업의 종류**
- **농어촌버스 운송사업** : 주로 군(광역시의 군은 제외)의 단일 행정구역에서 운행계통을 정하고 국토교통부령으로 정하는 자동차를 사용하여 여객을 운송하는 사업
- **마을버스 운송사업** : 주로 시·군·구의 단일 행정구역에서 기점·종점의 특수성이나 사용되는 자동차의 특수성 등으로 인하여 다른 노선 여객자동차 운송사업자가 운행하기 어려운 구간을 대상으로 국토교통부령으로 정하는 기준에 따라 운행계통을 정하고 국토교통부령으로 정하는 자동차를 사용하여 여객을 운송하는 사업
- **시외버스 운송사업** : 운행계통을 정하고 국토교통부령으로 정하는 자동차를 사용하여 여객을 운송하는 사업으로 시내버스, 농어촌버스, 마을버스운송사업이 아닌 사업

해설 07 대로상에서 뒤에 있는 일정한 장소나 다른 길로 진입하기 위해 상당한 구간을 계속 후진하다가 정상 진행 중인 차량과 충돌한 경우는 통행구분 위반사고로 본다. 역진으로 보아 중앙선 침범과 동일하게 취급한다.

해설 08 특수여객자동차 운송사업용 자동차는 "장의"라 표시한다.

해설 09 보행자는 횡단보도가 설치되어 있지 아니한 도로에서는 가장 짧은 거리로 횡단하여야 한다.

해설 10 4과목 총 100점 중 60점 이상, 즉 총점의 6할 이상 득점하여야 합격한다.

해설 11 어린이통학버스로 사용할 수 있는 자동차는 승차정원 9인승 이상의 자동차에 한한다.

해설 12
- **현장참여교육** : 교통 단속현장 등에 실제로 참여하는 교육으로 소양교육을 받은 사람 중 희망하는 사람에게 실시한다.
- **법규준수교육(권장)** : 운전면허효력 정지처분을 받게 되거나 받은 사람, 법규준수교육(권장)을 받은 사람 중 교육받기를 원하는 사람에게 실시한다.
- **음주운전교육** : 음주운전이 원인이 되어 운전면허효력 정지 또는 운전면허 취소처분을 받은 사람에게 실시한다.

해설 13 여객자동차 운송사업의 정의를 묻는 문제이다.

해설 14 중상해의 범위는 생명유지에 불가결한 뇌 또는 주요장기에 중대한 손상(생명에 대한 위험), 사지절단 등 신체 중요부분의 상실·중대변형 또는 시각·청각·언어·생식기능 등 중요한 신체기능의 영구적 상실(불구), 사고 후유증으로 중증의 정신장애·하반신 마비 등 완치 가능성이 없거나 희박한 중대질병(불치나 난치의 질병)이다.

해설 15 '자동차관리법'에 따른 이륜자동차 가운데 배기량이 125cc인 이륜자동차는 원동기장치자전거로 정의된다.

해설 16 승합자동차의 경우 제한속도를 20km/h 이하로 넘긴 속도위반은 3만 원의 범칙금이 부과된다.

해설 17 교차로에서 좌·우회전하는 경우는 서행하여야 하는 상황이다.

해설 18 교통사고로 사람을 죽게 하거나 다치게 하고, 구호조치를 하지 아니한 때에는 운전면허가 취소된다.

해설 19 특수여객자동차 운송사업용 자동차는 일반장의자동차 및 운구전용장의자동차로 구분되는 특수형 승합자동차 또는 승용자동차가 사용된다.

해설 20 터널 안에서 횡단하는 보행자를 사상한 경우는 명백한 교통사고이다.

해설 21 운전자의 과실을 논할 수 없는 사고의 경우는 예외로 한다.

해설 22 제1종 대형면허 또는 제1종 특수면허를 받으려면 19세 이상, 운전경험 1년 이상이어야 한다.

해설 23 세발자전거는 차가 아니므로 이를 탑승하고 횡단보도를 건너는 어린이는 보행자로 인정된다.

해설 24 터널 안 및 다리 위는 주차만 금지되는 곳이다.

해설 25 대통령령에 어린이통학버스는 황색으로 규정되어 있다.

해설 26 엔진오일을 점검하는 것은 엔진점검에 해당한다.

해설 27 운행 전 후사경을 조정하여 충분한 시계를 확보한다.

해설 28 토인은 앞바퀴가 옆방향으로 미끄러지는 것을 방지한다.

해설 29 코일 스프링은 단위중량당 에너지 흡수율이 판 스프링보다 크다.

해설 30 동력전달장치의 정의를 묻는 문제이다.

해설 31 풋 브레이크가 작동하지 않는 경우 고단 기어에서 저단 기어로 한 단씩 줄여 감속한 뒤에 주차 브레이크를 이용하여 정지한다.

해설 32 공회전 시 급가속은 터보차저 각부의 손상을 가져올 수 있으므로 삼간다.

해설 33 압축천연가스의 정의이다.

해설 34 연료탱크에 남아 있는 연료의 잔류량은 연료계에서 나타낸다. 동절기에는 연료를 가급적 충만한 상태로 유지하는 것이 좋은데, 이는 연료 탱크 내부의 수분침투를 방지하는 데 효과적이기 때문이다.

해설 35 라이닝 마모상태가 심한 경우는 브레이크 제동효과 자체가 나빠진다.

해설 36 허리벨트는 골반 위를 지나 엉덩이 부위를 지나야 한다.

해설 37 밸브를 닫아 탱크 내의 용기가 새지 않도록 하는 것은 체크 밸브이다.

해설 38 가입하지 아니한 기간이 10일 이내인 경우 3만 원, 10일 초과 시 1일마다 8천 원씩 가산되며, 최고 100만 원까지 부과된다.

해설 39 고속도로에서 운행할 때에는 풋 브레이크와 엔진브레이크를 함께 사용한다.

해설 40 임시검사는 불법개조 또는 불법정비 등에 대한 안전성을 확보하거나, 사업용 자동차의 차령을 연장하거나, 자동차 소유자의 신청을 받아 시행하는 검사이다.

해설 41 충격흡수시설의 정의를 묻는 문제이다.

해설 42 정지시력의 정의를 묻는 문제이다.

해설 43 운전의 위험을 다루는 효율적인 정보처리 방법은 확인→예측→판단→실행의 과정을 따르는 것이다.

해설 44 어린이보호구역에서는 시속 30km 이하로 운전해야 한다.

해설 45 급커브길 등에서의 앞지르기는 대부분 규제표지 및 노면표시 등 안전표지로 금지하고 있으나, 금지표지가 없다고 하더라도 전방의 안전이 확인 안 되는 경우에는 절대 하지 않는다.

해설 46 비가 오는 것은 환경요인이다.
인간 요인에 의한 연쇄과정은 다음과 같은 예를 들 수 있다.
- 아내와 싸웠다.
- 출근이 늦어졌다.
- 초조하게 운전을 한다.
- 과속으로 운전을 한다.
- 전방 커브에 느린 차를 미처 발견하지 못한다.

해설 47 버스 운전자는 주의의 부담이 매우 크고, 다양한 상황에 대처함과 동시에 승객의 안전을 책임지며 만족도를 높여야 하기 때문에 10만km 이상의 주행경험을 필요로 한다.

해설 48 두 눈을 동시에 뜨고 잰 시력이 0.8 이상이고, 각각의 시력이 0.5 이상이어야 한다.

해설 49 차 안은 약간 시원한 상태로 유지하는 것이 피로를 낮추는 방법이다.

해설 50 천천히 움직이는 차를 주시하며, 필요에 따라 속도를 조절한다.

해설 51 엑셀에서 발을 떼어 브레이크까지 옮기는 동안 이동한 거리를 공주거리라 하고, 브레이크가 작동되기 시작하여 차가 완전히 정지되는데 까지 이동한 거리를 제동거리라 한다. 공주거리와 제동거리의 합이 정지거리가 된다.

해설 52 야간에 대향차의 전조등 눈부심으로 인해 순간적으로 보행자를 잘 볼 수 없게 되는 현상으로 보행자가 교차하는 차량의 불빛 중간에 있게 되면 운전자가 순간적으로 보행자를 전혀 보지 못하는 현상을 증발현상이라 한다.

해설 53 과로에 의해 주의력이 저하된 경우에는 교통표지를 간과하거나, 보행자를 알아보지 못한다.

해설 54 습기를 제거할 때에는 배터리를 반드시 분리한 상태에서 실시한다.

해설 55 차가 한쪽으로 미끄러지는 것을 느껴 핸들 방향을 미끄러지는 방향으로 돌려주어 대처하는 것은 뒷바퀴의 바람이 빠졌을 때의 대처방법이다.

해설 56 회전교차로는 일반적으로 사고빈도가 낮아 교통안전 수준을 향상시키는 특징이 있다.

해설 57 초보운전자는 주관적 안전과 객관적 안전을 균형적으로 인식하지 못해서 위험도가 높다.

해설 58 충격흡수시설은 자동차가 구조물과의 직접적인 충돌로 인한 사고 피해를 줄이기 위해 설치한다.

해설 59 앞차와의 간격을 좁혀 앞지르기 시도를 막으면 충돌위험이 급격히 증가하게 된다.

해설 60 운전하는 동안 운전자가 내리는 결정의 90%는 눈을 통해 얻은 정보에 기초한다.

해설 61 고속으로 주행하기 때문에 차로 변경 시 반드시 신호하여야 한다.

해설 62 길어깨는 도로를 보호하고 비상시에 이용하기 위하여 차도와 연결하여 설치하는 도로의 부분으로 갓길이라고도 한다.

해설 63 선택적 주시과정에서 어느 한 물체에 시선을 뺏겨 오래 머무는 현상을 주의의 고착이라고 한다.

해설 64 지방도에서의 시인성 확보를 위해서는 문제를 야기할 수 있는 전방 12~15초의 상황을 확인한다. 거기까지 볼 수 없다면 시야가 트일 때까지 속도를 줄이고 제동준비를 해야 한다.

해설 65 편경사에 대한 정의를 묻는 문제이다.

해설 66 장애인 보조견을 자동차 안으로 데리고 들어오는 경우 제지해서는 안 된다.

해설 67 제공됨과 동시에 소비되는 것은 동시성에 대한 설명이다.

해설 68 정류장 금연구역의 단속과 안내 등은 버스체계의 특성과 관련이 없다.

해설 69 재난으로 인해 운행이 불가능하게 된 경우에는 신속히 승객을 대피시켜야 한다.

해설 70 버스준공영제는 형태에 의해 노선, 수입금, 자동차 공동관리형으로 구분된다.

해설 71 집계시스템은 단말기와 정산시스템을 연결한다.

해설 72 어떠한 경우에도 과속운전을 해서는 안 된다.

해설 73 인공호흡과 흉부압박법을 동시에 시행하는 응급처치방법을 심폐소생술이라 한다.

해설 74 버스도착 예정시간 사전확인은 이용자(승객)의 기대효과이다.

해설 75 BIS는 버스와 정류장에 무선송수신기를 설치하여 버스의 위치를 실시간으로 파악하고, 이를 이용해 이용자에게 정류장에서 해당 노선버스의 도착예정시간을 안내하고 이와 동시에 인터넷 등을 통하여 운행정보를 제공하는 시스템이다.

해설 76 IC카드의 종류 : 접촉, 비접촉, 하이브리드, 콤비

해설 77 여객의 안전과 사고예방을 위하여 운행 전 사업용 자동차의 안전설비 및 등화장치 등의 이상 유무를 확인해야 한다.

해설 78 차내 전도 사고는 전체 버스사고의 약 30%로 절대다수를 차지한다고 볼 수는 없다.

해설 79 일반 차량과 반대방향으로 운영하는 버스전용차로는 역류버스전용차이다.

해설 80 버스준공영제는 대중교통이용 활성화를 대목표로 하고, 버스 이미지 개선 및 시민신뢰 확보를 위해 시행되고 있는 제도이다.

[정답]

1	2	3	4	5	6	7	8	9	10
③	②	④	③	①	①	①	②	③	②
11	12	13	14	15	16	17	18	19	20
③	①	②	②	①	①	①	④	②	④
21	22	23	24	25	26	27	28	29	30
②	①	②	①	①	①	④	①	②	②
31	32	33	34	35	36	37	38	39	40
①	④	③	②	③	④	③	②	④	②
41	42	43	44	45	46	47	48	49	50
③	①	③	①	①	④	②	②	①	①
51	52	53	54	55	56	57	58	59	60
④	②	②	④	②	④	③	④	③	②
61	62	63	64	65	66	67	68	69	70
③	④	③	④	③	④	②	③	④	②
71	72	73	74	75	76	77	78	79	80
③	④	②	①	④	④	③	①	④	①

04 실전모의고사 4회

문제 01 다음 중 모든 차의 운전자가 다른 차를 앞지르지 못하며, 앞으로 끼어들지 못하는 경우가 아닌 것은?

① 도로교통법이나 여객자동차운수사업법에 따른 명령에 따라 정지하거나 서행하고 있는 차
② 경찰공무원의 지시에 따라 정지하거나 서행하고 있는 차
③ 이륜자동차 및 원동기장치자전거
④ 위험을 방지하기 위하여 정지하거나 서행하고 있는 차

문제 02 진로변경 또는 급차로변경사고의 성립요건이 아닌 것은?

① 도로에서 발생한 경우
② 사고 차량이 차로를 변경하면서 변경방향 차로 후방에서 진행하는 차량의 진로를 방해한 경우
③ 차로 변경 후 상당 구간 진행 중인 차량을 뒤차가 추돌한 경우
④ 옆 차로에서 진행 중인 차량이 갑자기 차로를 변경하여 불가항력적으로 충돌한 경우

문제 03 노선에 대한 정의로 맞는 것은?

① 자동차를 정기적으로 운행하거나 운행하려는 구간
② 자동차를 임시적으로 운행하거나 운행하려는 구간
③ 자동차를 정기적으로 주차하려는 시점이나 종점
④ 자동차를 임시적으로 주차하려는 시점이나 종점

문제 04 시외고속버스 또는 시외우등고속버스를 사용하여 운행거리가 100km 이상이고, 운행구간의 60% 이상을 고속국도로 운행하며, 기점과 종점의 중간에서 정차하지 아니하는 운행형태를 갖는 것은?

① 광역급행형 시외버스
② 고속형 시외버스
③ 직행형 시외버스
④ 일반형 시외버스

문제 05 신호등 없는 교차로에서 진입 전 일시정지 또는 서행하지 않은 경우를 설명하는 내용으로 틀린 것은?

① 충돌 직전 노면에 제동 타이어 흔적이 없는 경우
② 충돌 직전 노면에 요 마크가 형성되어 있는 경우
③ 상대 차량의 측면을 정면으로 충돌한 경우
④ 가해 차량의 진행방향으로 상대 차량을 밀고 가거나 전도(전복)시킨 경우

문제 06 다음 중 특정범죄 가중처벌 등에 관한 법률에 의거 사고운전자가 가중처벌을 받는 경우가 아닌 것은?

① 사고운전자가 피해자를 구호하는 등의 조치를 하지 아니하고 도주한 경우
② 사고운전자가 피해자를 사고 장소로부터 옮겨 유기하고 도주한 경우
③ 위험운전 치사상의 경우
④ 중앙선 침범사고로 인한 인명피해를 야기한 경우

문제 07 면허를 받거나 등록한 차고지를 이용하지 아니하고 차고지가 아닌 곳에서 밤샘주차를 한 경우 1차 과징금 부과기준이 잘못된 것은?

① 시내버스 - 10만 원
② 시외버스 - 10만 원
③ 전세버스 - 10만 원
④ 마을버스 - 10만 원

문제 08 다음 중 서행의 의미로 맞는 것은?

① 운전자가 차를 즉시 정지시킬 수 있는 정도의 느린 속도로 진행하는 것
② 반드시 차가 멈추어야 하되, 얼마간의 시간 동안 정지상태를 유지하는 교통상황
③ 반드시 차가 일시적으로 그 바퀴를 완전히 멈추어야 하는 행위 자체
④ 자동차가 완전히 멈추는 상태

문제 09 보행자의 도로횡단에 대한 설명 중 옳지 않은 것은?

① 보행자는 안전표지 등에 의하여 횡단이 금지되어 있는 도로의 부분에서는 그 도로를 횡단하여서는 아니 된다.
② 지하도나 육교 등의 도로 횡단시설을 이용할 수 없는 지체장애인의 경우에도 반드시 도로 횡단시설을 이용하여 횡단하여야 한다.
③ 보행자는 모든 차의 바로 앞이나 뒤로 횡단하여서는 아니 된다.
④ 경찰공무원의 지시에 따라 도로를 횡단할 수 있다.

문제 10 교통사고 조사규칙 제2조에 의거 대형사고의 기준은?

① 1명 이상이 사망하거나 5명 이상의 사상자가 발생한 사고
② 2명 이상이 사망하거나 10명 이상의 사상자가 발생한 사고
③ 3명 이상이 사망하거나 20명 이상의 사상자가 발생한 사고
④ 4명 이상이 사망하거나 40명 이상의 사상자가 발생한 사고

문제 11 추돌사고의 운전자 과실 원인에서 앞차의 급정지 원인이 다른 하나는?

① 신호 착각에 따른 급정지
② 자동차 전용도로에서 전방사고를 구경하기 위해 급정지
③ 주·정차 장소가 아닌 곳에서 급정지
④ 우측 도로변 승객을 태우기 위해 급정지

문제 12 승합자동차 운전자의 범칙행위와 범칙금액이 잘못 연결된 것은?

① 교차로에서의 양보운전 위반 - 5만 원
② 신호·지시 위반 - 5만 원
③ 운전 중 휴대용 전화 사용 - 7만 원
④ 고속도로·자동차전용도로 안전거리 미확보 - 5만 원

문제 13 다음 중 안전운전이라고 볼 수 있는 것은?

① 인식할 수 있는 과실로 타인에게 현저한 위해를 초래하는 운전을 하는 경우
② 타인에게 위험을 주는 속도로 운전을 하는 경우
③ 도로의 교통상황과 차의 구조 및 성능에 따라 다른 사람에게 위험과 장해를 주지 않는 방법으로 운전하는 경우
④ 타인의 통행을 현저하게 방해하는 운전을 하는 경우

문제 14 여객자동차 운송사업자는 새로 채용한 운수종사자에 대하여 운전업무를 시작하기 전에 교육을 몇 시간 이상 받게 하여야 하는가?

① 8시간
② 12시간
③ 16시간
④ 24시간

문제 15 다음 중 보도침범, 보도 통행방법 위반사고에 해당되지 않는 것은?

① 보도와 차도가 구분된 도로에서 보도 내 보행자를 충돌한 사고
② 보도 내에서 보행자를 충돌한 사고
③ 도로에서 보도를 횡단하여 건물로 진입하다가 보행자와 충돌한 경우
④ 피해자가 자전거 또는 원동기장치자전거를 타고 가던 중 자동차와 충돌한 사고

문제 16 교통사고처리특례법상 특례 예외 사고인 중앙선 침범사고로 볼 수 없는 것은?
① 커브 길에서 과속으로 인한 중앙선 침범의 경우
② 빗길에서 과속으로 인한 중앙선 침범의 경우
③ 졸다가 뒤늦은 제동으로 중앙선을 침범한 경우
④ 사고를 피하기 위해 급제동하다 중앙선을 침범한 경우

문제 17 속도위반(40km/h 초과 60km/h 이하)에 따른 벌점은?
① 60점　　　　　　　　　② 30점
③ 15점　　　　　　　　　④ 10점

문제 18 시외우등고속버스에 사용되는 자동차는 원동기 출력이 자동차 총 중량 1톤당 몇 마력 이상이어야 하는가?
① 20마력　　　　　　　　② 10마력
③ 5마력　　　　　　　　　④ 1마력

문제 19 속도제한장치 또는 운행기록계가 정상적으로 작동되지 아니하는 상태에서 자동차를 운행한 경우에 여객자동차 운송사업자에게 부과되는 1차 과징금 금액은?
① 30만 원　　　　　　　　② 60만 원
③ 120만 원　　　　　　　　④ 180만 원

문제 20 자동차의 운전자가 그 영향으로 인하여 운전이 금지되는 약물로서 흥분·환각 또는 마취의 작용을 일으키는 유해화학물질은 어떤 법령으로 정하는가?
① 보건복지부령　　　　　　② 행정자치부령
③ 국토교통부령　　　　　　④ 대통령령

문제 21 도로에서 차마를 그 본래의 사용방법에 따라 사용하는 것(조종을 포함)을 의미하는 것은?

① 항행 ② 운행 ③ 운항 ④ 운전

문제 22 다음 중 도로교통법령상 노면표시의 색채기준으로 틀린 것은?

① 황색 - 중앙선 표시
② 청색 - 주차금지표시
③ 적색 - 어린이보호구역 안에 설치하는 속도제한표시의 테두리선
④ 백색 - 동일 방향의 교통류 분리 및 경계표시

문제 23 고속도로 및 자동차전용도로에서의 금지행위에 해당하지 않는 것은?

① 갓길 통행금지 ② 긴급이륜자동차의 통행 금지
③ 횡단 등의 금지 ④ 정차 및 주차의 금지

문제 24 다음 중 법규준수교육을 받지 않아도 되는 사람은?

① 교통사고를 일으키거나 술에 취한 상태에서 운전하여 운전면허효력정지처분을 받게 되거나 받은 사람으로서 그 처분기간이 끝나지 아니한 사람
② 운전면허효력정지처분을 받게 되거나 받은 초보운전자로서 그 처분기간이 끝나지 아니한 사람
③ 운전면허 취소처분을 받은 사람으로서 운전면허를 다시 받고자 하는 사람
④ 운전면허효력정지처분을 받은 초보운전자로서 그 처분기간이 만료된 사람

문제 25 면허정지처분을 받은 사람이 법규준수교육을 마친 후에 현장참여교육을 마치면 경찰서장에게 교육필증을 제출한 날부터 정지처분기간에서 얼마를 추가로 감경받는가?

① 7일 ② 15일 ③ 30일 ④ 60일

문제 26 클러치의 자유간극 점검과 관련이 있는 일상점검 항목은?
① 핸들   ② 변속기   ③ 브레이크   ④ 와이퍼

문제 27 여객자동차 운수사업법에 의하여 면허, 등록, 인가 또는 신고가 실효되거나 취소되어 말소된 자동차를 다시 등록하고자 하는 경우 신청하는 자동차 검사 종류는?
① 재검사   ② 정기검사   ③ 수시검사   ④ 신규검사

문제 28 자동차 계기판의 경고등에 해당되지 않는 것은?
① 주행빔(상향등) 작동 표시등
② 상황등 작동 경고등
③ 안전벨트 미착용 경고등
④ 연료잔량 경고등

문제 29 시동키를 꽂지 않았지만 키를 차 안에 두고 어린이들만 차내에 남겨 둘 경우 발생할 수 있는 문제로 거리가 먼 것은?
① 어른들의 행동을 모방하여 시동키를 작동시킬 수 있다.
② 에어탱크의 공기압이 급격히 저하된다.
③ 차 안의 다른 조작 스위치 등을 작동시킬 수 있다.
④ 차를 조작하여 심각한 신체 상해를 초래할 수 있다.

문제 30 책임보험이나 책임공제에 미가입한 1대의 자동차에 부과할 과태료의 최고 한도 금액은?
① 10만 원   ② 100만 원   ③ 200만 원   ④ 300만 원

문제 31 버스나 화물차에 주로 사용하는 스프링은?

① 공기 스프링
② 판 스프링
③ 코일 스프링
④ 토션바 스프링

문제 32 악천후 시 주행방법에 대한 설명 중 틀린 것은?

① 비가 내릴 때에는 노면이 미끄러우므로 급제동을 피하고, 차간거리를 충분히 유지한다.
② 브레이크 라이닝이 물에 젖어 있어도 제동에는 문제가 없으므로 계속 주행해도 된다.
③ 폭우가 내릴 경우에는 시야 확보가 어려우므로 충분한 제동거리를 확보할 수 있도록 감속한다.
④ 안개가 끼었거나 기상조건이 좋지 않아 시계가 불량할 경우에는 속도를 줄이고, 미등 및 안개등 또는 전조등을 점등하고 운행한다.

문제 33 브레이크 제동효과가 나쁜 경우 추정할 수 있는 원인이 아닌 것은?

① 공기압이 과다하다.
② 공기누설(타이어의 공기가 빠져 나가는 현상)이 있다.
③ 좌, 우 라이닝 간극이 다르다.
④ 타이어 마모가 심하다.

문제 34 엔진으로 공기압축기를 구동하여 발생한 압축공기를 동력원으로 사용하는 방식의 브레이크는?

① ABS
② 제이크 브레이크
③ 리타더 브레이크
④ 공기식 브레이크

문제 35 다음은 자동차 스위치에 대한 설명이다. 잘못된 것은?

① 야간에 맞은편 도로로 주행 중인 차량을 발견하면 상향등을 하향등으로 신속하게 전환하여야 한다.
② 와셔액 탱크가 비어 있거나 유리창이 건조할 때 와이퍼 작동을 금지한다.
③ 방향지시등이 평상시보다 빠르게 작동하면 방향지시등 작동 스위치를 교환해야 한다.
④ 차폭등, 미등, 번호판등, 계기판등, 전조등은 스위치 2단계에서 점등된다.

문제 36 자동차의 견인에 필요한 경우의 응급조치요령 중 올바르지 않은 것은?

① 구동되는 바퀴를 들어올려 견인되도록 한다.
② 고속도로에서는 일반자동차에 의한 견인이 금지되어 있다.
③ 일반자동차로 견인할 경우 견인 로프는 7m 이내로 한다.
④ 견인되기 전에 주차브레이크를 해제한 후 변속레버를 중립(N)에 놓는다.

문제 37 압축천연가스 자동차의 가스 공급라인에서 가스가 누출될 때의 조치요령으로 옳지 않은 것은?

① 자동차 부근으로 화기 접근을 금지한다.
② 탑승하고 있는 승객은 안전한 곳으로 대피시킨다.
③ 가스공급라인의 몸체가 파열된 경우 용접하여 재사용한다.
④ 누설 부위를 비눗물 또는 가스검진기로 확인한다.

문제 38 자동차의 안전운행을 위해서는 휠 얼라인먼트(차륜 정렬)가 중요하다. 휠 얼라인먼트가 필요한 경우로 틀린 것은?

① 타이어를 교환한 경우
② 핸들의 중심이 어긋난 경우
③ 자동차에서 롤링(좌·우진동)이 발생한 경우
④ 제동 시 자동차가 밀리는 경우

문제 39 자동변속기 오일에 수분이 다량으로 유입된 경우 오일의 색깔은?
① 백색
② 붉은색
③ 갈색
④ 검은색

문제 40 자동차 내장을 세척할 때 사용하면 변색되거나 손상을 줄 수 있는 것이 아닌 것은?
① 아세톤
② 에나멜
③ 표백제
④ 물수건

문제 41 시가지 이면도로에서 위험하게 느껴지는 자동차나 자전거·보행자 등을 발견하였을 때의 방어운전 방법으로서 부적절한 것은?
① 그 움직임을 주시하면서 운행한다.
② 상대에게 경음기나 전조등 등으로 주의를 주면서 운행한다.
③ 자전거나 이륜차의 갑작스런 회전 등에 대비한다.
④ 주·정차된 차량이 출발하려고 할 때에는 감속하여 안전거리를 확보한다.

문제 42 정지거리에 영향을 미치는 요인 중 운전자 요인이 아닌 것은?
① 인지반응속도
② 브레이크의 성능
③ 피로도
④ 신체적 특성

문제 43 여름철 교통사고 위험요인으로 거리가 가장 먼 것은?
① 불쾌지수
② 수면부족
③ 열대야 현상
④ 춘곤증

문제 44 교량과 교통사고와의 관계에 대한 설명 중 맞지 않은 것은?

① 교량의 폭, 교량 접근도로의 형태 등이 교통사고와 밀접한 관계가 있다.
② 교량 접근도로의 폭에 비해 교량의 폭이 좁으면 사고위험이 감소한다.
③ 교량 접근도로의 폭과 교량의 폭이 같을 때에는 사고위험이 감소한다.
④ 교량 접근도로의 폭과 교량의 폭이 서로 다른 경우에도 교통통제설비를 설치하면 운전자의 경각심을 불러일으켜 사고 감소효과가 발생할 수 있다.

문제 45 보행자가 교차하는 차량의 불빛 중간에 있게 되면 운전자가 순간적으로 보행자를 전혀 보지 못하는 현상을 말하는 것은?

① 현혹현상   ② 증발현상   ③ 명순응   ④ 암순응

문제 46 다음 중 안전운전의 5가지 기본기술과 관계가 없는 것은?

① 눈을 계속해서 움직인다.
② 다른 사람들이 자신을 볼 수 있게 한다.
③ 전방 가까운 곳을 잘 살핀다.
④ 차가 빠져나갈 공간을 확보한다.

문제 47 자동차의 가속 및 감속을 위해 설치하는 차로로 교차로, 인터체인지 등에 주로 설치하는 차로는?

① 축대   ② 중앙차로   ③ 오르막차로   ④ 변속차로

문제 48 차의 운행 시 객관적 안전인식이 높은 사람은 어떤 사람인가?

① 자기 운전능력을 과대 평가하는 사람
② 자기 운전능력을 과소 평가하는 사람
③ 위험사태를 과대 평가하는 사람
④ 실제의 위험을 그대로 평가하는 사람

문제 49 평면곡선도로를 주행할 때 원심력에 의해 곡선 바깥쪽으로 진행하려는 힘과 관련이 없는 것은?
① 평면곡선 반지름
② 시선유도시설
③ 타이어와 노면의 횡방향 마찰력
④ 편경사

문제 50 위험에 대해 신중한 운전자(위험 회피자)는 운전자의 행동특성에 따라 예측회피 반응집단과 지연회피반응집단으로 구분이 가능하다. 이 중 예측회피반응집단의 행동특성으로 맞지 않는 것은?
① 사전 적응력
② 위험에 대한 저속 접근
③ 위험에 대한 감내성
④ 인지적 접근

문제 51 회전교차로 진입방법으로 맞지 않는 것은?
① 회전교차로에 진입할 때에는 충분히 속도를 높인 후 진입한다.
② 회전교차로에 진입하는 자동차는 회전 중인 자동차에게 양보한다.
③ 회전차로 내부에서 주행 중인 자동차를 방해할 우려가 있을 때에는 진입하지 않는다.
④ 회전차로 내에 여유 공간이 있을 때까지 양보선에서 대기한다.

문제 52 방어운전은 운전자가 사고 당시에 합리적으로 행동했다면 예방 가능했던 교통사고가 몇 % 이상이라는 것이 전제인가?
① 70%
② 80%
③ 90%
④ 100%

문제 53 차량점검이 필요할 때에 대한 설명 중 부적절한 것은?
① 교통체증으로 인한 정체 시
② 운행시작 전 또는 종료 후
③ 운행 중간 휴식시간
④ 운행 중에 차량의 이상이 발견된 경우

문제 54 환각제에 대한 설명 중 맞지 않는 것은?
① 환각제는 고혈압 치료제로 쓰이며, 일반인이 매입·복용할 수 있는 약물이다.
② 환각제는 인간의 시각을 포함한 제반 감각기관과 인지능력, 사고기능을 변화시킨다.
③ 환각제에 따라서는 인간의 방향감각과 거리, 그리고 시간에 대한 감각을 왜곡시키기도 한다.
④ 복용한 사람은 존재하지도 않는 대상을 보고, 듣고, 느끼며 심지어 냄새를 맡기도 한다.

문제 55 규모에 따른 휴게시설의 종류로 볼 수 없는 것은?
① 고속도로휴게소
② 간이휴게소
③ 화물차전용휴게소
④ 일반휴게소

문제 56 교통사고요인의 복합적 연쇄과정 중 환경요인에 의한 연쇄과정에 속하는 것은?
① 초조하게 운전을 한다.
② 과속으로 운전을 한다.
③ 브레이크 제동력의 약화
④ 도로의 마찰계수 저하

문제 57 시가지 교차로에서의 방어운전 중 버스 회전 시 주변에 있는 물체와 접촉할 가능성이 높아지는 것은 버스의 어떤 특성 때문인가?

① 내륜차가 승용차에 비해 크다.
② 운전석에서 볼 수 없는 곳이 승용차에 비해 넓다.
③ 바퀴 크기가 승용차보다 크다.
④ 무게가 승용차에 비해 무겁다.

문제 58 충격흡수시설에 대한 설명으로 틀린 것은?

① 도로상 구조물과 충돌하기 전 자동차 충격에너지 흡수
② 본래 주행차로로 복귀
③ 충돌 예상 장소에 설치
④ 사람과의 직접적 충돌로 인한 사고피해 감소

문제 59 다른 차가 자신의 차를 앞지르기 할 때의 방어운전에 대한 설명으로 부적절한 것은?

① 앞지르기를 시도하는 차가 원활하게 주행차로로 진입할 수 있도록 속도를 줄여준다.
② 앞지르기 금지장소 등에서도 앞지르기를 시도하는 차가 있다는 사실을 염두에 두고 주행한다.
③ 앞지르기 금지장소에서 후속차량이 앞지르기를 시도할 경우 안전을 위해 앞차량과의 간격을 좁혀 시도를 막는다.
④ 앞지르기를 시도하는 차가 안전하고 신속하게 앞지르기를 완료할 수 있도록 한다.

문제 60 운전자가 운전 중 눈을 통해 얻은 운전 관련 정보의 비율은 어느 정도나 되는가?

① 100%
② 90%
③ 80%
④ 70%

문제 61 고속도로에서의 방어운전 방법으로 옳지 않은 것은?

① 차로를 변경하기 위해서는 핸들을 점진적으로 튼다.
② 여러 차로를 가로지를 필요가 있을 경우에도 한 번에 한 차로씩 옮겨간다.
③ 고속으로 주행하기 때문에 차로 변경 시 신호하지 않아도 된다.
④ 교량, 터널 등 차로가 줄어드는 곳에서는 속도를 줄이고 주의하여 진입한다.

문제 62 버스의 엔진 시동 및 출발에 대한 요령으로 부적절한 것은?

① 엔진 시동을 걸 때는 적정 속도로 엔진을 회전시켜 적정한 오일 압력이 유지되도록 한다.
② 적정 공회전 시간은 여름은 1~2분 정도가 적당하다.
③ 오일이 엔진의 다양한 윤활지점에 도달하여야 이상 없이 출발할 수 있다.
④ 오일 압력이 적정하게 되면 부드럽게 출발한다.

문제 63 차량의 핸들을 돌렸을 때 앞바퀴의 안쪽 궤적과 뒷바퀴의 안쪽 궤적 간의 차이를 무엇이라 하는가?

① 축거
② 윤거
③ 회전각
④ 내륜차

문제 64 운전자에게 보행자와의 사고를 피하는 데 대한 특별한 주의 의무를 부과하는 이유 중 부적절한 것은?

① 대부분의 보행자들은 차가 정지하는 데 필요한 거리를 잘 알고 있다.
② 어린이나 노인은 별다른 주의도 없이 도로로 뛰어든다.
③ 어린이는 가장 예측 불가능한 보행자이다.
④ 어린이는 키가 작아서 발견하기도 힘들다.

문제 65 회전 시, 앞지르기를 할 때 등에 신호를 하는 것은 어떤 전략에 속하는가?

① 시간을 다루는 전략
② 공간을 다루는 전략
③ 시인성을 다루는 전략
④ 운전조작 전략

문제 66 운수종사자가 지켜야 할 준수사항으로 옳지 않은 것은?

① 여객이 전용 운반 상자에 넣은 애완동물을 자동차 안으로 데리고 오는 경우 이를 제지하고 필요한 사항은 안내해야 한다.
② 여객자동차 운수사업법 시행규칙에 따라 운송사업자가 지시하는 사항을 따라야 한다.
③ 관계 공무원으로부터 운전면허증 등의 자격증 제시 요구를 받으면 즉시 따라야 한다.
④ 여객자동차 운송사업에 사용되는 자동차 안에서 담배를 피워서는 안 된다.

문제 67 올바른 고객서비스 제공을 위한 기본요소가 아닌 것은?

① 따뜻한 응대
② 과묵한 표정
③ 단정한 용모 및 복장
④ 공손한 인사

문제 68 다음 중 가로변버스전용차로의 특징으로 볼 수 없는 것은?

① 버스전용차로를 가로변에 설치하므로 버스의 신속성 확보에 매우 유리하다.
② 종일 또는 출·퇴근 시간대 등을 지정하여 탄력적으로 운영할 수 있다.
③ 버스전용차로 운영시간대에는 가로변의 주·정차를 금지해야 한다.
④ 우회전하는 차량을 위해 교차로 부근에서는 일반차량의 버스전용차로 이용을 허용해야 한다.

문제 69 재난 발생 시 운전자의 조치사항으로 부적절한 것은?
① 승객의 안전조치를 우선으로 한다.
② 신속하게 차량을 안전지대로 이동시킨다.
③ 즉각 회사 및 유관기관에 보고한다.
④ 어떠한 경우라도 승객을 하차시켜서는 안 된다.

문제 70 버스준공영제의 유형 중 형태에 의한 분류에 해당하지 않는 것은?
① 노선 공동관리형
② 차고지 공동관리형
③ 수입금 공동관리형
④ 자동차 공동관리형

문제 71 교통카드시스템의 집계시스템에 대한 설명으로 맞는 것은?
① 금액이 소진된 교통카드에 금액을 재충전하는 방식이다.
② 거래기록을 수집, 정산처리하고 결과를 은행으로 전송한다.
③ 단말기와 정산시스템을 연결하는 기능을 한다.
④ 충전시스템과 전화선으로 정산센터와 연계한다.

문제 72 승객과의 대화 시 주의사항으로 옳지 않은 것은?
① 도전적으로 말하는 태도나 버릇은 조심한다.
② 감정을 충분히 표현해 언성을 높인다.
③ 일부분을 보고 전체를 속단하여 말하지 않는다.
④ 상대방의 말을 도중에 분별없이 차단하지 않는다.

문제 73 운전자가 삼가야 하는 행동을 기술한 것 중에서 올바르지 않은 것은?
① 신호등이 바뀌기 전에 빨리 출발하라고 전조등을 켰다 껐다 하지 않는다.
② 운행 중에 갑자기 끼어들지 않는다.
③ 필요 시 과속으로 운행하며 급브레이크를 밟는다.
④ 경음기 버튼을 작동시켜 다른 운전자를 놀라게 하지 않는다.

문제 74 다음 중 버스운행관리시스템(BMS)의 운영과 거리가 먼 것은?
① 버스이용자에게 운행정보를 제공함으로써 버스의 활성화를 도모할 수 있다.
② 관계기관, 버스회사, 운수종사자를 대상으로 정시성을 확보할 수 있다.
③ 버스운행관리센터, 버스회사에서 버스운행 상황과 사고 등 돌발상황을 감지할 수 있다.
④ 버스운행관제, 운행상태 등 버스정책 수립 등을 위한 기초자료를 획득할 수 있다.

문제 75 승객만족을 위한 기본예절에 대해 설명한 것으로 맞지 않는 것은?
① 변함없는 진실한 마음으로 승객을 대한다.
② 승객의 입장을 이해하고 존중한다.
③ 승객의 여건, 능력, 개인차를 인정하고 배려한다.
④ 승객의 결점이 발견되면 바로 지적한다.

문제 76 심폐소생술의 방법으로 옳지 않은 것은?
① 의식을 확인할 때 성인의 경우 양쪽 어깨를 가볍게 두드리며 "괜찮으세요?"라고 말한 후 반응을 확인한다.
② 머리를 젖히고 턱을 들어올려 기도를 확보한다.
③ 인공호흡을 가슴이 충분히 올라올 정도로 1회당 1초간 2회 실시한다.
④ 20회의 가슴압박과 2회의 인공호흡을 반복한다.

문제 77 교통사고 현장에서의 안전조치에 해당하지 않는 것은?
① 전문가의 도움이 필요한 경우 신속한 도움을 요청한다.
② 경미한 사고인 경우 사고위치에서 신속히 벗어난다.
③ 사고위치에서 노면표시를 한 후 도로 가장자리로 자동차를 이동시킨다.
④ 피해자를 위험으로부터 보호하거나 피신시킨다.

문제 78 업종별 요금체계가 바르게 연결되지 않은 것은?
① 고속버스 – 거리체감제
② 전세버스 – 자율요금제
③ 특수여객 – 단일운임제
④ 농어촌버스 – 단일운임제

문제 79 간선급행버스체계(BRT)의 도입효과로 거리가 먼 것은?
① 환경오염 급감
② 버스운행정보 실시간 제공
③ 교통사고 감소
④ 신속성 및 정시성 향상

문제 80 다음 중 운전자의 주의사항으로 틀린 것은?
① 사전승인 없이는 친구라도 승차시키는 행위는 금지한다.
② 철길 건널목에서는 일시 정지하고 정차도 금지한다.
③ 자동차전용도로, 급한 경사길 등에서는 주·정차를 금지한다.
④ 도로가 정체되어 있는 경우에는 운행노선을 임의로 변경하여 운행한다.

04 실전모의고사 4회 [해설과 정답]

해설 01 이륜차나 원동기장치자전거는 앞지르기 금지조건이 아니다.

해설 02 차로 변경 후 상당 구간 진행 중인 차량을 뒤차가 추돌한 경우는 진로변경(급차로 변경) 사고의 성립 요건의 예외사항이다.

해설 03 자동차를 정기적으로 운행하거나 운행하려는 구간을 노선이라 한다.

해설 04 고속형 시외버스에 대한 설명이다. 고속형 시외버스를 고속버스라 한다.

해설 05 제동 타이어 흔적, 즉 스키드마크가 있어야 급제동이 있었다고 판단한다. 급제동이 있었다는 것은 그만큼 과속했다는 의미이다. 따라서 제동 타이어 흔적이 없다면 일시정지 혹은 서행 여부를 설명할 수 없게 된다.

해설 06 사고운전자가 피해자를 구호하는 등의 조치를 하지 아니하고 도주한 경우, 또는 사고 장소로부터 옮겨 유기하고 도주한 경우, 위험운전 치사상의 경우에 가중처벌을 받는다.

해설 07 차고지가 아닌 곳에서 밤샘주차를 한 경우 시내·농어촌·마을·시외버스에는 1차 10만 원, 2차 15만원, 전세·특수여객에는 1차 20만원, 2차 30만원의 과징금이 부과된다.

해설 08 운전자가 차를 즉시 정지시킬 수 있는 정도의 느린 속도로 진행하는 것을 서행이라 한다.

해설 09 지체장애인의 경우에는 다른 교통에 방해가 되지 아니하는 방법으로 도로 횡단시설을 이용하지 아니하고 도로를 횡단할 수 있다.

해설 10 3명 이상이 사망하거나 20명 이상의 사상자가 발생한 경우 대형사고라 한다.

해설 11 앞차의 정당한 급정지의 경우로는 초행길, 전방상황 오인, 신호 착각 등이 있다.

해설 12 신호·지시 위반 시에는 7만 원의 범칙금이 부과된다.

해설 13 모든 자동차 장치를 정확히 조작하여 운전하는 경우와 도로의 교통상황과 차의 구조 및 성능에 따라 다른 사람에게 위험과 장해를 주지 않는 방법으로 운전하는 경우를 안전운전이라 한다.

해설 14 신규교육은 최초 1회만 받으며 16시간을 이수해야 한다.

해설 15 피해자가 자전거 또는 원동기장치자전거를 타고 가던 중 발생한 사고는 재차로 간주되어 적용 제외된다.

해설 16 사고를 피하기 위해 급제동하다 중앙선을 침범한 경우, 위험을 회피하기 위해 중앙선을 침범한 경우, 제한속도를 준수하여 운행 중 빙판길 또는 빗길에서 미끄러져 중앙선을 침범한 경우는 부득이한 경우라 하여 중앙선 침범을 적용할 수 없다.

해설 17 40km/h 초과 60km/h 이하 속도위반 시에는 범칙금 10만 원, 벌점 30점이 부과된다.

해설 18 시외우등고속버스는 고속형에 사용되는 것으로서 원동기 출력이 자동차 총 중량 1톤당 20마력 이상이고 승차정원이 29인승 이하인 대형승합자동차를 말한다.

해설 19 속도제한장치 또는 운행기록계가 장착된 운송사업용 자동차를 해당 장치 또는 기기가 정상적으로 작동되지 않은 상태에서 운행한 경우 1차 60만원, 2차 120만원, 3차 이상 180만원의 과징금이 부과된다.

해설 20 자동차의 운전자가 그 영향으로 인하여 운전이 금지되는 약물은 흥분·환각 또는 마취의 작용을 일으키는 유해화학물질이며 행정자치부령은 이를 운전이 금지되는 약물로 규정하고 있다.

해설 21 도로(술에 취한 상태에서의 운전금지, 과로한 때 등의 운전금지, 사고발생 시의 조치 등은 도로 외의 곳을 포함)에서 차마를 그 본래의 사용방법에 따라 사용하는 것(조종을 포함)을 운전이라 한다.

해설 22 주차금지는 황색이고, 청색은 버스전용차로표시 및 다인승차량 전용차선 표시에 사용된다.

해설 23 고속도로 및 자동차전용도로에서의 금지행위에 긴급이륜자동차와 관련된 통행금지조항은 나와 있지 않다.

해설 24 운전면허효력정지처분 기간이 만료된 사람은 법규준수교육 대상자가 아니다.

해설 25 법규준수교육+현장참여교육 = 30일 추가 감경

해설 26 운전석 변속기를 일상점검할 때 클러치 자유간극을 점검한다.

해설 27 신규검사는 수입자동차, 일시말소 후 재등록하고자 하는 자동차 등의 등록을 할 때 받는 검사이다.

해설 28 상황등 작동 경고등은 없다.

해설 29 아이들이 차 안에 있다고 해서 에어탱크 공기압에 변화가 생기지는 않는다.

해설 30 가입하지 아니한 기간이 10일 이내인 경우 3만 원, 10일 초과 시 1일마다 8천 원씩 가산되며, 최고 100만 원까지 부과된다.

해설 31 판 스프링은 내구성이 크고 진동의 억제작용이 큰 대신 작은 진동은 흡수가 곤란한 특성이 있어 버스나 화물차에 주로 사용한다.

해설 32 브레이크 라이닝이 물에 젖으면 제동력이 떨어지고 물이 고인 곳을 주행했을 때에는 여러 번에 걸쳐 브레이크를 짧게 밟아 브레이크를 건조시켜야 한다.

해설 33 좌, 우 라이닝 간극이 다른 경우는 브레이크가 편제동되는 경우이다.

해설 34 공기식 브레이크는 엔진으로 공기압축기를 구동하여 발생한 압축공기를 동력원으로 사용하는 방식으로 버스나 트럭 등 대형 차량에 주로 사용한다.

해설 35 방향지시등이 평상시보다 빠르게 작동하면 방향지시등의 전구가 끊어진 것이므로 교환하여야 한다.

해설 36 일반자동차로 견인할 경우 견인 로프는 5m 이내로 하고, 로프 중간에는 넓이 30cm 이상의 흰 천을 묶어 식별이 용이하도록 한다.

해설 37 가스공급라인의 몸체가 파열된 경우에는 재사용하지 말고 교환한다.

해설 38 제동 시 자동차가 밀리는 현상은 휠 얼라인먼트와는 무관하다. (브레이크 시스템과 관련)

해설 39
- **투명도가 높은 붉은 색** : 정상인 경우
- **갈색** : 가혹한 상태에서 사용되거나, 장시간 사용한 경우
- **검은색** : 자동변속기 내부의 클러치 디스크의 마멸분말에 의한 오손, 기어가 마멸된 경우

해설 40 아세톤, 에나멜, 표백제 등으로 세척할 경우에는 변색되거나 손상이 발생할 수 있다.

해설 41 시가지 이면도로에서 경음기나 전조등을 이용하는 것은 올바른 방어운전 방법이 아니다.

해설 42 브레이크의 성능은 차량요인이다.

해설 43 춘곤증은 봄철에 나타나는 현상이다.

해설 44 교량 접근도로의 폭에 비해 교량의 폭이 좁으면 사고위험이 증가한다.

해설 45 야간에 대향차의 전조등 눈부심으로 인해 순간적으로 보행자를 잘 볼 수 없게 되는 현상으로 보행자가 교차하는 차량의 불빛 중간에 있게 되면 운전자가 순간적으로 보행자를 전혀 보지 못하는 현상을 증발현상이라 한다.

해설 46 운전 중에 전방 멀리 본다.

해설 47 변속차로의 정의에 관한 문제이다.

해설 48 객관적 안전은 말 그대로 객관적으로 인정되는 안전이다. 실제의 위험을 그대로 평가하는 사람이 객관적 안전인식이 높다고 할 수 있다.

해설 49 원심력은 평면곡선 반지름, 타이어와 노면의 횡방향 마찰력, 편경사와 관련이 있다. 시선유도시설은 힘과 관련이 없다.

해설 50 위험에 대한 비감내성을 갖는다. 즉, 예측회피반응집단은 위험을 견디기 힘들어한다는 뜻이다.

해설 51 회전교차로 진입 시에는 충분히 속도를 줄인 후 진입하여야 한다.

해설 52 방어운전의 전제는 교통사고의 90% 이상은 사실상 운전자가 당시에 합리적으로 행동했다면 예방 가능했던 사고라는 것이다.

해설 53 정체 시 차량점검을 해서는 안 된다.

해설 54 고혈압 치료제로 쓰이며, 일반인이 매입·복용할 수 있는 약물은 진정제이다. 환각제는 일반인이 매입할 수 없다.

해설 55 휴게시설은 규모에 따라 일반, 간이, 화물차 전용, 쉼터(소규모) 휴게소로 나뉜다.

해설 56 환경요인에 의한 연쇄과정으로 비가 오고 있다 – 젖은 도로 – 도로의 마찰계수 저하를 예로 들 수 있다.

해설 57 버스의 좌우회전 시에 주변에 있는 물체와 접촉할 가능성이 높아지는 것은 내륜차가 승용차에 비해 훨씬 크기 때문이다.

해설 58 충격흡수시설은 자동차가 구조물과의 직접적인 충돌로 인한 사고 피해를 줄이기 위해 설치한다.

해설 59 앞차와의 간격을 좁혀 앞지르기 시도를 막으면 충돌위험이 급격히 증가하게 된다.

해설 60 운전하는 동안 운전자가 내리는 결정의 90%는 눈을 통해 얻은 정보에 기초한다.

해설 61 고속으로 주행하기 때문에 차로 변경 시 반드시 신호하여야 한다.

해설 62 적정 공회전 시간은 여름에는 20~30초, 겨울은 1~2분 정도가 적당하다.

해설 63 앞바퀴의 안쪽과 뒷바퀴의 안쪽 궤적 간의 차이를 내륜차라 하고, 바깥 바퀴의 궤적 간의 차이를 외륜차라 한다.

해설 64 대부분의 보행자들은 차가 정지하는 데 필요한 거리를 잘 알지 못한다.

해설 65 회전 시, 차를 길가로 붙일 때, 앞지르기를 할 때 자신의 의도를 신호로 나타내는 것은 잘보이게 하는, 즉 시인성 다루기 전략에 해당한다.

해설 66 전용운반상자에 넣은 애완동물은 탑승 가능하다.

해설 67 표정은 밝게 한다.

해설 68 전용차로가 가로변에 설치되면 상대적으로 신속성 확보에 불리하다. 신속성 확보에는 중앙버스전용차로가 유리하다.

해설 69 재난으로 인해 운행이 불가능하게 된 경우에는 신속히 승객을 대피시켜야 한다.

해설 70 버스준공영제는 형태에 의해 노선, 수입금, 자동차 공동관리형으로 구분된다.

해설 71 집계시스템은 단말기와 정산시스템을 연결한다.

해설 72 언성을 높여서는 안 된다.

해설 73 과속, 급브레이크는 올바르지 않은 행동이다.

해설 74 버스이용자에게 운행정보를 제공함으로써 버스의 활성화를 도모하는 것은 버스정보시스템(BIS)이다.

해설 75 승객의 결점을 지적할 때에는 신중히 고려하여 진지하게 충고하고 격려하여야 한다.

해설 76 30회 가슴압박과 2회 인공호흡을 반복한다.

해설 77 경미한 사고인 경우라면 굳이 신속히 이탈하지 않아도 된다.

해설 78 전세버스와 특수여객은 자율요금제를 채택하고 있다.

해설 79 BRT 도입으로 사고가 감소하는 효과는 미미하다.

해설 80 지시된 운행노선을 임의로 변경운행해서는 안 된다.

[정답]

1	2	3	4	5	6	7	8	9	10
③	③	①	②	①	④	③	①	②	③
11	12	13	14	15	16	17	18	19	20
①	②	③	③	④	④	②	①	②	②
21	22	23	24	25	26	27	28	29	30
④	②	②	④	③	②	④	②	②	②
31	32	33	34	35	36	37	38	39	40
②	②	③	④	③	③	③	④	①	④
41	42	43	44	45	46	47	48	49	50
②	②	④	②	②	③	④	④	②	③
51	52	53	54	55	56	57	58	59	60
①	③	①	①	①	④	①	④	③	②
61	62	63	64	65	66	67	68	69	70
③	②	④	①	③	①	②	①	④	②
71	72	73	74	75	76	77	78	79	80
③	②	③	①	④	④	②	③	③	④

05 실전모의고사 5회

문제 01 보행자의 통행방법에 대한 설명으로 바르지 않은 것은?
① 소나 말 등의 큰 동물을 몰고 가는 사람은 보도로만 통행해야 한다.
② 보도와 차도가 구분된 도로에서는 보도로 통행한다.
③ 공사 등으로 보도 통행이 금지된 경우에는 보도로 통행하지 아니할 수 있다.
④ 보도와 차도가 구분되지 아니한 도로에서는 차마와 마주보는 방향의 길 가장자리로 통행한다.

문제 02 회사나 학교와 운송계약을 체결하여 그 소속원만의 통근·통학 목적으로 자동차를 운행하는 사업이 포함되는 운송사업은?
① 마을버스　　② 시내버스
③ 전세버스　　④ 특수여객자동차

문제 03 고속도로 및 자동차전용도로에서의 금지행위에 해당하지 않는 것은?
① 갓길 통행금지
② 긴급이륜자동차의 통행금지
③ 횡단 등의 금지
④ 정차 및 주차의 금지

문제 04 여객자동차 운수사업법령상 자동차를 정기적으로 운행하거나 운행하려는 구간이란 무엇에 대한 정의인가?
① 여객운송　② 노선　③ 운행계통　④ 관할구간

문제 05 버스운전 자격시험의 필기시험 합격기준은?

① 필기시험 총점의 5할 이상
② 필기시험 총점의 6할 이상
③ 필기시험 총점의 7할 이상
④ 필기시험 총점의 8할 이상

문제 06 도로교통법상 몇 분을 초과하지 아니하고 차를 주차 외에 정지시키는 것을 정차라고 하는가?

① 5분   ② 10분
③ 15분   ④ 30분

문제 07 도로교통의 안전을 위하여 각종 제한 금지사항을 도로사용자에게 알리기 위한 안전표지는?

① 지시표지   ② 주의표지
③ 규제표지   ④ 노면표지

문제 08 앞차가 갑자기 정지하게 되는 경우 그 앞차와의 추돌을 피할 수 있는 필요한 거리로 정지거리보다 약간 긴 정도의 거리는?

① 안전거리   ② 정지거리
③ 반응거리   ④ 제동거리

문제 09 다음 중 음주운전으로 처벌이 불가한 경우는?

① 혈중알코올 농도 0.05% 상태로 주차장 통행로에서 운전한 경우
② 혈중알코올 농도 0.06% 상태로 공장 내 통행로에서 운전한 경우
③ 혈중알코올 농도 0.02% 상태로 도로에서 운전한 경우
④ 혈중알코올 농도 0.05% 상태로 학교 내 통행로에서 운전한 경우

문제 10 신호등 없는 교차로에서 교차로 진입 전 일시정지 또는 서행하지 않았다는 증거를 판독하는 방법과 가장 거리가 먼 것은?

① 충돌 직전 노면에 스키드 마크가 형성되어 있는 경우
② 충돌 직전 노면에 요 마크가 형성되어 있는 경우
③ 가해 차량의 진행방향으로 상대 차량을 밀고가거나, 전도(전복)시킨 경우
④ 상대 차량의 정면을 충돌한 경우

문제 11 다음 중 교통사고처리특례법상 교통사고에 해당하는 것은?

① 육교에서 주의하여 운행 중인 차량과 사람이 충돌하여 사람이 부상을 당한 경우
② 축대가 무너져 도로를 진행 중인 차량이 부서진 경우
③ 가로수가 넘어져 차량 운전자가 부상당한 경우
④ 횡단보도 녹색 보행자 횡단신호에서 자전거와 보행자가 충돌하여 사람이 다친 경우

문제 12 행정처분 기초자료로 활용하기 위하여 법규위반 또는 사고야기에 대하여 그 위반의 경중, 피해의 정도 등에 따라 배점되는 점수를 말하는 것은?

① 누산점수 ② 벌점
③ 처분벌점 ④ 기초점수

문제 13 진로변경 또는 급차로 변경 사고의 성립요건이 아닌 것은?

① 도로에서 발생한 경우
② 옆 차로에서 진행 중인 차량이 갑자기 차로를 변경하여 불가항력적으로 충돌한 경우
③ 사고 차량이 차로를 변경하면서 변경방향 차로 후방에서 진행하는 차량의 진로를 방해한 경우
④ 차로 변경 후 상당 구간 진행 중인 차량을 뒤차가 추돌한 경우

문제 14 시내버스운송사업의 운행형태 중에 시내좌석버스를 사용하고 주로 고속국도, 주간선도로 등을 이용하여 기종점에서 5km 이내에 위치한 각각 4개 이내의 정류소에 정차하고, 그 외의 지점에서는 정차하지 않는 운행형태는?

① 광역급행형 ② 직행좌석형
③ 좌석형 ④ 일반형

문제 15 도로교통법상 교통사고에 의한 사망으로 사망자 1명당 벌점 90점이 부과되는 것은 교통사고 발생 후 몇 시간 내 사망한 것을 말하는가?

① 72시간 ② 60시간
③ 48시간 ④ 24시간

문제 16 다음 중 승합자동차의 경우 좌석안전띠 미착용 시 주어지는 범칙금액은?

① 1만 원 ② 3만 원
③ 5만 원 ④ 7만 원

문제 17 운송사업자가 운수종사자에게 여객의 좌석안전띠 착용에 관한 교육을 실시하지 않은 경우 1회 위반 시 과태료 부과 기준은?

① 3만 원 ② 5만 원
③ 10만 원 ④ 20만 원

문제 18 안전운전 불이행 사고가 아닌 것은?

① 자동차 장치조작을 잘못한 경우
② 전·후·좌·우 주시가 태만한 경우
③ 차내 대화 등으로 운전을 부주의한 경우
④ 차량정비 중 안전부주의로 피해를 입은 경우

문제 19 도로교통법에서 규정하는 정차 및 주차가 금지되는 곳의 기준은 횡단보도로부터 몇 m 이내인가?

① 5m 이내　　② 10m 이내　　③ 15m 이내　　④ 20m 이내

문제 20 자가용자동차를 사용하여 여객자동차 운송사업을 경영한 경우 그 자동차의 사용을 제한하거나 금지할 수 있는 기간은?

① 3개월 이내　　　　② 6개월 이내
③ 12개월 이내　　　 ④ 18개월 이내

문제 21 모든 운전자의 준수사항 등에 관한 내용이 아닌 것은?

① 운전자는 안전을 확인하지 아니하고 차의 문을 열거나 내려서는 아니 되며, 동승자가 교통의 위험을 일으키지 아니하도록 필요한 조치를 할 것
② 운전자는 승객이 차 안에서 안전운전에 현저히 방해가 될 정도로 춤을 추는 등 소란행위를 하도록 내버려두고 차를 운행하지 아니할 것
③ 운전자는 자동차가 정지하고 있는 경우 휴대용 전화를 사용하지 아니할 것
④ 운전자는 자동차를 급히 출발시키거나 속도를 급격히 높이는 행위를 하여 다른 사람에게 피해를 주는 소음을 발생시키지 아니할 것

문제 22 차의 급제동으로 인하여 타이어의 회전이 정지된 상태에서 노면에 미끄러져 생긴 타이어 마모흔적 또는 활주흔적을 무엇이라고 하는가?

① 스키드마크　　② 요마크　　③ 교통마크　　④ KS마크

문제 23 처벌벌점 또는 1년간 누산점수 초과로 운전면허의 취소처분 시 감경 사유에 해당하는 사람은 처분벌점 또는 누산점수를 몇 점으로 감경하여 주는가?

① 120점　　② 110점　　③ 90점　　④ 60점

문제 24   주행 중 교차로 또는 그 부근에서 긴급자동차가 접근한 때에 운전자가 취해야 하는 운행방법은?

① 교차로를 피하여 일시정지한다.
② 교차로를 피하여 정지한다.
③ 긴급자동차가 피해갈 수 있도록 도로 중앙을 이용해 서행한다.
④ 그 자리에서 정지한다.

문제 25   교통안전을 위한 활동에 실제로 참여하여 채점하도록 하는 등의 교육으로서 법규준수교육을 받은 사람 가운데 교육받기를 원하는 사람에게 실시하는 교육은?

① 교통통제교육
② 교통법규교육
③ 교통교양교육
④ 현장참여교육

문제 26   자동차의 일상점검을 실시할 때 운전석 점검내용이 아닌 것은?

① 핸들의 흔들림이나 유동 여부
② 브레이크 페달의 자유간극과 잔류간극 적당 여부
③ 램프의 점멸 및 파손 여부
④ 와이퍼의 작동 여부

문제 27   책임보험이나 책임공제에 미가입한 경우 가입하지 아니한 기간이 10일 이내이면 과태료 금액은 얼마인가?

① 1만 원
② 3만 원
③ 5만 원
④ 7만 원

문제 28 연료주입구 개폐방법으로 틀린 것은?

① 시계방향으로 돌려 연료주입구 캡을 분리한다.
② 연료주입구에 키 홈이 있는 차량은 키를 꽂아 잠금 해제시킨 후 연료주입구 커버를 연다.
③ 연료주입 후에는 연료주입구 커버를 닫고 가볍게 눌러 원위치시킨 후 확실하게 닫혔는지 확인한다.
④ 일반적으로 연료주입구에 키 홈이 있는 차량은 연료주입구 커버를 잠글 때 키를 이용하여야 잠글 수 있다.

문제 29 CNG를 연료로 사용하는 자동차의 계기판에 CNG 램프가 점등될 경우 조치사항으로 맞는 것은?

① 전기장치의 작동을 피한다.
② 가스냄새를 확인한다.
③ 파이프나 호스를 조이거나 풀어본다.
④ 가스를 재충전한다.

문제 30 와셔액 탱크가 비어 있을 경우에 와이퍼를 작동시키면 어떤 문제가 발생할 수 있는가?

① 시야를 가릴 수 있다.
② 와이퍼 링크가 이탈될 수 있다.
③ 유리창 균열이 발생할 수 있다.
④ 와이퍼 모터가 손상될 수 있다.

문제 31 시동모터가 작동되지 않거나 천천히 회전하는 경우에 해당되지 않는 것은?

① 배터리가 방전되었다.
② 점화플러그가 마모되었다.
③ 배터리 단자의 부식현상이 있다.
④ 접지 케이블이 이완되어 있다.

문제 32 자동차 내장을 세척할 때 사용하면 변색되거나 손상을 줄 수 있는 것이 아닌 것은?

① 아세톤 ② 에나멜 ③ 표백제 ④ 물수건

문제 33 레이디얼 타이어의 특성이 아닌 것은?

① 접지면적이 크다.
② 회전할 때에 구심력이 좋다.
③ 충격을 흡수하는 성능이 좋아 승차감이 좋다.
④ 고속으로 주행할 때에는 안정성이 크다.

문제 34 배기 브레이크 스위치를 작동시키면 계기판에 나타나는 표시등은?

① 배기 브레이크 표시등
② 제이크 브레이크 표시등
③ 브레이크 에어 경고등
④ 주차 브레이크 경고등

문제 35 엔진 오버히트가 발생할 때의 안전조치 요령이 아닌 것은?

① 여름에는 에어컨, 겨울에는 히터의 작동을 중지시킨다.
② 엔진이 과열되어 냉각수가 부족한 경우 차가운 냉각수를 공급한다.
③ 엔진이 작동하는 상태에서 보닛(Bonnet)을 열어 엔진을 냉각시킨다.
④ 엔진을 충분히 냉각시킨 다음에는 냉각수의 양 점검, 라디에이터 호스 연결부위 등의 누수 여부 등을 확인한다.

문제 36 험한 도로에서 주행할 때 자동차 조작요령으로 적합하지 않은 것은?

① 요철이 심한 도로에서 감속 주행한다.
② 비포장도로, 눈길, 빙판길, 진흙탕 길을 주행할 때에는 속도를 낮추고 제동거리를 충분히 확보한다.
③ 눈길, 진흙길, 모랫길에서는 1단 기어를 사용하여 가속한다.
④ 저단 기어를 사용하고 기어변속이나 가속은 피한다.

문제 37 휠 얼라인먼트 항목에 해당하지 않는 것은?

① 바운싱
② 캠버
③ 캐스터
④ 킹핀

문제 38 스프링의 종류에 해당되지 않는 것은?

① 판 스프링
② 코일 스프링
③ 토션바 스프링
④ 압력 스프링

문제 39 자동차가 고속 대형화됨에 따라 주 브레이크를 계속 사용하면 베이퍼 록이나 페이드 현상이 발생할 가능성이 높아지므로 감속(보조) 브레이크를 적절히 사용할 필요가 있다. 감속 브레이크에 해당하는 것은?

① 풋 브레이크
② 배기 브레이크
③ 주차 브레이크
④ 드럼 브레이크

문제 40 자동차 검사의 필요성이 아닌 것은?

① 자동차 결함으로 인한 교통사고 사상자 사전 예방
② 자동차 배출가스로 인한 대기오염 최소화
③ 자동차세 납부 여부를 확인하여 정부 재원 확보
④ 자동차보험 미가입 자동차의 교통사고로부터 국민피해 예방

문제 41 운전자가 제동을 시작하여 자동차가 완전히 정지할 때까지 진행한 시간을 무엇이라 하는가?

① 제동시간
② 정지시간
③ 공주시간
④ 정차거리

문제 42 평면곡선 도로를 주행할 때 원심력에 의해 곡선 바깥쪽으로 진행하려는 힘과 관련이 없는 것은?

① 평면곡선 반지름
② 시선유도시설
③ 타이어와 노면의 횡방향 마찰력
④ 편경사

문제 43 다른 차가 자신의 차를 앞지르기 할 때의 방어운전에 대한 설명으로 부적절한 것은?

① 앞지르기를 시도하는 차가 원활하게 주행차로에 진입할 수 있도록 속도를 줄여준다.
② 앞지르기 금지장소 등에서도 앞지르기를 시도하는 차가 있다는 사실을 염두에 두고 주행한다.
③ 앞지르기 금지장소에서 후속차량이 앞지르기를 시도할 경우 안전을 위해 앞차량과의 간격을 좁혀 시도를 막는다.
④ 앞지르기를 시도하는 차가 안전하고 신속하게 앞지르기를 완료할 수 있도록 한다.

문제 44 브레이크와 타이어 등 차량 결함 사고 발생 시 대처방법으로 옳지 않은 것은?

① 차의 앞바퀴가 터지는 경우 핸들을 단단하게 잡아 차가 한 쪽으로 쏠리는 것을 막고, 의도한 방향을 유지한 다음 속도를 줄인다.
② 앞바퀴의 바람이 빠져 차가 한쪽으로 미끄러지는 것을 느끼면 핸들 방향을 미끄러지는 반대방향으로 돌려주어 대처한다.
③ 앞·뒤 브레이크가 동시에 고장 시 브레이크 페달을 반복해서 빠르고 세게 밟으면서 주차 브레이크도 세게 당기고 기어도 저단으로 바꾼다.
④ 페이딩 현상이 일어나면 차를 멈추고 브레이크가 식을 때까지 기다린다.

문제 45 도로 노면에 대한 관찰 및 주의의 결여와 가장 관계가 많은 교통사고 유형은?
① 진로변경 중 접촉사고　　② 교차로 신호위반 사고
③ 눈, 빗길 미끄러짐 사고　　④ 횡단 보행자 통과의 사고

문제 46 버스승객의 승·하차를 위하여 본선 차로에서 분리하여 설치한 띠 모양의 공간은?
① 버스정류장　　② 버스정류소
③ 간이 버스정류장　　④ 간이 휴게소

문제 47 시야 고정이 많은 운전자의 특성이라 볼 수 없는 것은?
① 위험에 대응하기 위해 경적이나 전조등을 지나치게 자주 사용한다.
② 더러운 창이나 안개에 개의치 않는다.
③ 거울이 더럽거나 방향이 맞지 않아도 개의치 않는다.
④ 정지선 등에서 정차 후 다시 출발할 때 좌우를 확인하지 않는다.

문제 48 횡단보도 부근으로 보행자가 횡단하고 있을 때 가장 올바른 운전방법은?
① 횡단보도가 아니므로 경음기 등으로 주의를 주며 통과한다.
② 횡단 보행자를 피해 빠르게 통과한다.
③ 보행자가 횡단 중이므로 서행으로 통과한다.
④ 보행자의 통행을 방해하지 않도록 일시정지했다가 통과한다.

문제 49 안전한 주행을 위한 방법으로 적당하지 않은 것은?
① 교통량이 많은 곳에서는 후미추돌을 방지하기 위하여 감속 주행한다.
② 곡선반경이 작은 도로에서는 감속하여 안전하게 통과한다.
③ 터널 등 조명조건이 불량한 곳에서는 최대한 가속하여 빨리 벗어난다.
④ 주행하는 차들과 제한속도를 넘지 않는 범위 내에서 속도를 맞추어 주행한다.

문제 50 진입차선을 통해 고속도로로 들어갈 때 방어운전을 위해 유지해야 할 최소한의 시간간격은?

① 10초
② 8초
③ 4초
④ 2초

문제 51 타이어의 마모를 촉진하는 환경이라고 할 수 없는 것은?

① 잦은 커브길 운행
② 잦은 제동
③ 저속 주행
④ 기온이 높은 여름철 주행

문제 52 경제운전과 기어변속과의 관계를 적절히 설명한 것이 아닌 것은?

① 엔진회전속도가 2,000~3,000 RPM 상태에서 고단기어 변속이 바람직하다.
② 가능한 한 빨리 고단 기어로 변속하는 것이 좋다.
③ 반드시 저단 기어 상태에서 차를 멈춰야 한다.
④ 기어변속은 반드시 순차적으로 해야 하는 것은 아니다.

문제 53 야간에 식별이 가장 곤란한 보행자는 어떤 옷을 입은 보행자인가?

① 흰색 옷을 입은 보행자
② 흑색 옷을 입은 보행자
③ 밝은색 옷을 입은 보행자
④ 불빛에 반사가 잘되는 소재의 옷을 입은 보행자

문제 54 회전교차로의 일반적인 특징으로 적절하지 않은 것은?

① 신호교차로에 비해 유지관리 비용이 적게 든다.
② 인접 도로 및 지역에 대한 접근성을 높여 준다.
③ 지체시간이 감소되어 연료 소모와 배기가스를 줄일 수 있다.
④ 사고빈도가 높아 교통안전수준을 저하시킨다.

문제 55 혈중알코올 농도에 영향을 미치는 것이 아닌 것은?
① 음주량
② 사람의 체중
③ 사람의 모발 상태
④ 위내 음식물의 종류

문제 56 교통사고 요인의 가설적 연쇄과정 중 인간요인에 의한 연쇄과정과 거리가 먼 것은?
① 출근이 늦어졌다.
② 과속으로 운전을 한다.
③ 초조하게 운전을 한다.
④ 비가 오고 있다.

문제 57 평면곡선부에서 자동차가 원심력에 저항할 수 있도록 하기 위하여 설치하는 횡단경사를 무엇이라 하는가?
① 시거
② 축대
③ 편경사
④ 종단경사

문제 58 주행차로를 벗어난 차량이 도로상의 구조물 등과 충돌하기 전에 자동차의 충격에너지를 흡수하여 정지하도록 하는 시설로 주로 교각이나 교대, 지하차도의 기둥 등에 설치하는 시설은 무엇인가?
① 긴급제동시설
② 방호울타리
③ 충격흡수시설
④ 과속방지시설

문제 59 목적지를 찾느라 전방을 주시하지 못해 보행자와 충돌했다면 다음 중 무엇과 관련이 있는가?
① 주의의 정착
② 주의의 분산
③ 주의의 고착
④ 주의의 분할

문제 60 초보운전자가 인식하는 안전에 대한 설명과 거리가 먼 것은?

① 주관적 안전을 객관적 안전보다 낮게 인식
② 운전에 대한 자신감을 갖게 되면 오히려 주관적 안전을 객관적 안전보다 크게 자각
③ 주관적 안전과 객관적 안전을 균형적으로 인식
④ 주관적 안전을 객관적 안전보다 높게 인식할 때 위험이 증가

문제 61 보행자가 교차하는 차량의 불빛 중간에 있게 되면 운전자가 순간적으로 보행자를 전혀 보지 못하는 현상을 말하는 것은?

① 현혹현상 ② 증발현상
③ 명순응 ④ 암순응

문제 62 길어깨와 관련 없는 것은?

① 갓길이라고도 한다.
② 비상시 이용을 위해 설치한다.
③ 도로 보호를 위해 설치한다.
④ 차도와 분리하여 설치한다.

문제 63 여름철 차량 내부의 습기 제거에 대한 설명으로 적합하지 않은 것은?

① 차량 내부에 습기가 있는 경우에는 차체의 부식이나 악취발생을 방지하기 위하여 습기를 제거하여야 한다.
② 폭우 등으로 물에 잠긴 차량은 배선의 수분을 제거하지 않은 상태에서 시동을 걸면 전기장치의 퓨즈가 단선될 수 있다.
③ 폭우 등으로 물에 잠긴 차량은 우선적으로 습기를 제거해야 한다.
④ 습기를 제거할 때에는 배터리를 연결한 상태에서 실시한다.

문제 64 지방도에서의 시인성 확보를 위해 문제를 야기할 수 있는 전방 몇 초의 상황을 확인하는 것이 좋은가?

① 1~4초
② 5~8초
③ 9~11초
④ 12~15초

문제 65 시가지 이면도로에서 위험하게 느껴지는 자동차나 자전거·보행자 등을 발견하였을 때의 방어운전 방법으로서 부적절한 것은?

① 그 움직임을 주시하면서 운행한다.
② 상대에게 경음기나 전조등 등으로 주의를 주면서 운행한다.
③ 자전거나 이륜차의 갑작스런 회전 등에 대비한다.
④ 주·정차된 차량이 출발하려고 할 때에는 감속하여 안전거리를 확보한다.

문제 66 운수종사자는 안전운행과 다른 승객의 편의를 위하여 어떤 행위에 대하여 제지하고 필요한 사항을 안내해야 하는데, 다음 행위 중에서 제지할 수 없는 행위는?

① 폭발성 물질, 인화성 물질 등의 위험물을 자동차 안으로 가지고 들어오는 행위
② 전용 운반상자 없이 애완동물을 자동차 안으로 데리고 들어오는 행위
③ 자동차의 출입구를 막을 우려가 있는 물품을 자동차 안으로 가지고 들어오는 행위
④ 장애인 보조견을 자동차 안으로 데리고 들어오는 행위

문제 67 고객서비스의 특징 중 무형성에 대한 설명으로 바르지 못한 것은?

① 서비스를 측정하기는 어렵지만 누구나 느낄 수 있다.
② 서비스는 공급자에 의해 제공됨과 동시에 승객에 의해 소비된다.
③ 버스 승차를 경험한 이후 서비스에 대한 질적 수준을 인지할 수 있다.
④ 운송서비스 수준은 버스의 운행횟수, 운행시간, 차종, 목적지 도착시간 등의 영향을 받을 수 있다.

문제 68 다음 중 간선급행버스체계의 특성이 아닌 것은?
① 효율적인 사전 요금징수 시스템 채택
② 신속한 승·하차 가능
③ 정류장 금연구역 단속 및 안내
④ 중앙버스전용차로와 같은 분리된 버스전용차로 제공

문제 69 버스전용차로 설치에 있어 적절하지 않은 것은?
① 대중교통 이용자들의 폭넓은 지지를 받는 구간
② 전용차로를 설치하고자 하는 구간의 교통정체가 심한 곳
③ 버스 통행량이 일정 수준 이상이고, 1인 승차 승용차의 비중이 높은 구간
④ 편도 7차로 이상의 도로로 전용차로 설치에 문제가 없는 구간

문제 70 폭설 및 폭우로 운행이 불가능하게 된 경우의 조치사항으로 부적절한 것은?
① 차량 내 이상 여부를 확인한다.
② 업체에 현재 위치를 알린다.
③ 신속하게 안전지대로 차량을 이동시킨다.
④ 차 앞에서 구조를 기다린다.

문제 71 승객을 위해서는 이미지 관리도 매우 중요하다. 이에 대한 설명으로 적절하지 않은 것은?
① 이미지란 개인의 사고방식, 생김새, 태도 등에 대해 상대방이 갖는 느낌이다.
② 의도적으로 긍정적인 이미지를 만들어야 한다.
③ 개인의 이미지는 본인에 의해 결정되는 것이다.
④ 이미지는 상대방이 보고 느낀 것에 의해 결정된다.

문제 72 버스운행관리시스템의 기대효과 중 이용주체가 다른 하나는?

① 버스도착 예정시간 사전확인
② 운행정보 인지로 정시운행
③ 앞·뒤차 간의 간격인지로 차 간 간격 조정운행
④ 운행상태 완전노출로 운행질서 확립

문제 73 버스준공영제의 유형 중 형태에 의한 분류에 해당하지 않는 것은?

① 노선 공동관리형
② 차고지 공동관리형
③ 수입금 공동관리형
④ 자동차 공동관리형

문제 74 운행 중 주의사항에 해당하지 않는 것은?

① 내리막길에서 풋 브레이크를 장시간 사용하지 않고 엔진 브레이크 사용
② 차량이 추월하는 경우 감속 등 양보 운전
③ 후진 시 유도요원을 배치하여 수신호에 따라 안전하게 후진
④ 차량 없는 도로에서 신속한 승객수송을 위한 과속운전

문제 75 심폐소생술을 실시할 경우 가슴압박과 인공호흡의 적절한 비율은?

① 30 : 8
② 30 : 4
③ 30 : 2
④ 30 : 1

문제 76 운수사업자가 자율적으로 요금을 정하는 운송사업은?

① 시내버스운송사업
② 전세버스운송사업
③ 시외버스운송사업
④ 농어촌버스운송사업

문제 77 전조등의 올바른 사용에 해당되지 않는 것은?
① 야간운전의 안전운행을 위하여 필요한 경우 상향등을 사용한다.
② 반대차로에 차가 있으면 상대 운전자의 안전을 위하여 변환빔(하향등)으로 조정한다.
③ 반대차로 운전자의 눈부심 현상 방지를 위하여 변환빔(하향등)으로 조정한다.
④ 야간의 커브 길 진입하기 전에 반대차로의 차량 운행과 관계없이 상향등을 사용한다.

문제 78 사고현장의 측정 및 사진촬영을 위해 확인해야 할 사항이 아닌 것은?
① 목격자에 대한 사고상황
② 사고지점의 위치
③ 사고현장에 대한 가로방향 및 세로방향의 길이
④ 차량 및 노면에 나타나는 물리적 흔적 및 시설물 등의 위치

문제 79 교통카드시스템 구성 중 단말기의 구조장치에 해당하지 않는 것은?
① 카드인식장치
② 전원공급장치
③ 정보처리장치
④ 킷값 관리장치

문제 80 승객만족의 개념 및 중요성에 대한 설명으로 옳지 않은 것은?
① 승객만족이란 승객의 기대에 부응하는 양질의 서비스를 제공하여 승객이 만족감을 느끼게 하는 것이다.
② 지속적인 서비스 교육 시행 등 승객을 만족시키기 위한 분위기 조성은 경영자의 몫이다.
③ 실제로 승객을 상대하고 승객을 만족시키는 사람은 승객과 접촉하는 최일선의 운전자이다.
④ 승객이 느끼는 일부 운전자에 대한 불만족은 회사 전체 평가에는 크게 영향을 미치지 않는다.

05 실전모의고사 5회 [해설과 정답]

해설 01 큰 동물을 몰고 가는 사람은 차도의 우측을 이용하여 통행할 수 있다.

해설 02 전세버스 운송사업 : 운행계통을 정하지 아니하고 전국을 사업구역으로 정하여 1개의 운송계약에 따라 국토교통부령으로 정하는 자동차를 사용하여 여객을 운송하는 사업으로 회사나 학교와 운송계약을 체결하여 그 소속원만의 통근·통학 목적으로 자동차를 운행하는 운송사업을 말한다.

해설 03 고속도로 및 자동차전용도로에서의 금지행위에 긴급이륜자동차와 관련된 통행금지조항은 나와 있지 않다.

해설 04 여객자동차 운수사업법상 노선의 정의를 묻는 문제이다.

해설 05 4과목 총 100점 중 60점 이상, 즉 총점의 6할 이상 득점하여야 합격한다.

해설 06 운전자가 5분을 초과하지 아니하고 차를 정지시키는 것으로서 주차 외의 정지상태를 정차라 한다.

해설 07 각종 제한·금지 등의 규제를 도로사용자에게 알리는 표지는 규제표지이다.

해설 08 같은 방향으로 가고 있는 앞차가 갑자기 정지하게 되는 경우 그 앞차와의 추돌을 피할 수 있는 필요한 거리로 정지거리보다 약간 긴 정도의 거리를 안전거리라 한다.

해설 09 혈중알코올 농도 0.03% 미만에서의 음주운전은 처벌 불가하다.

해설 10 상대 차량의 측면을 충돌한 경우여야 한다.

해설 11 횡단보도에서 보행자 보호의무 위반사고는 교통사고에 해당하며, 해당 사고로 인해 인명피해가 발생하면 형사처벌의 대상이 된다.

해설 12 벌점의 정의를 묻는 문제이다.
- **누산점수** : 위반·사고 시의 벌점을 누적하여 합산한 점수에서 상계치(무위반·무사고 기간 경과 시에 부여되는 점수 등)를 뺀 점수를 말한다.
- **처분벌점** : 구체적인 법규위반·사고 야기에 대하여 앞으로 정지처분기준을 적용하는 데 필요한 벌점을 말한다.

해설 13 차로 변경 후 상당 구간 진행 중인 차량을 뒤차가 추돌한 경우는 진로변경(급차로 변경) 사고의 성립요건 예외사항이다.

해설 14 광역급행형 운행형태에 대한 설명이다. 추가적으로 광역급행형은 관할관청이 인정하는 경우에 한하여 기점 및 종점으로부터 7.5km 이내에 위치한 각각 6개 이내의 정류소에 정차할 수 있다.

해설 15 사고발생 시부터 72시간 이내에 사망한 인적 피해 교통사고의 경우에는 사망 1명마다 90점의 벌점이 부과된다.

해설 16 안전띠 미착용은 승용차, 승합차 모두 3만 원이다.

해설 17 1회 위반 시는 20만 원, 2회 위반 시는 30만 원, 3회 위반 시는 50만 원의 과태료가 부과된다.

해설 18 안전운전 불이행 사고의 성립요건 중 차량 정비 중 안전부주의로 피해를 입은 경우는 예외사항이다.

해설 19 건널목의 가장자리 또는 횡단보도로부터 10m 이내인 곳은 정차 및 주차가 금지된다.

해설 20 시도지사는 자가용자동차를 사용하는 자가 자가용자동차를 사용하여 여객자동차 운송사업을 경영한 경우이거나 허가를 받지 아니하고 자가용자동차를 유상으로 운송에 사용하거나 임대한 경우에 6개월 이내의 기간을 정하여 그 자동차의 사용을 제한하거나 금지할 수 있다.(법 제83조)

해설 21 차량이 정지하고 있는 경우에는 휴대용 전화를 사용할 수 있다.

해설 22 스키드마크의 정의를 묻는 문제이다.

해설 23 취소처분 시 감경 사유에 해당하는 경우에는 처분벌점을 110점으로 한다.

해설 24 교차로 또는 그 부근에서 긴급자동차가 접근한 때에는 교차로를 피하여 일시정지하여야 한다.

해설 25 현장참여교육에 대해 묻는 문제이다.

해설 26 램프의 점멸 및 파손 여부는 차의 외관 점검내용이다.

해설 27 가입하지 아니한 기간이 10일 이내인 경우 3만 원, 10일 초과 시 1일마다 8천 원씩 가산되며, 최고 100만 원까지 부과된다.

해설 28 연료주입구 캡은 시계 반대방향으로 돌려야 열리거나 분리된다.

해설 29 CNG 램프가 점등될 경우 가스 연료량의 부족으로 엔진의 출력이 낮아져 정상적인 운행이 불가능할 수 있으므로 가스를 재충전한다.

해설 30 와셔액 탱크가 비어 있을 경우에 와이퍼를 작동시키면 와이퍼 모터가 손상될 수 있다.

해설 31 점화플러그의 마모는 모터작동과 관련이 없다.

해설 32 아세톤, 에나멜, 표백제 등으로 세척할 경우에는 변색되거나 손상이 발생할 수 있다.

해설 33 레이디얼 타이어는 충격을 흡수하는 강도가 적어 승차감이 좋지 않다.

해설 34 배기 브레이크 스위치를 작동시키면 배기 브레이크 표시등에 불이 들어온다.

해설 35 냉각수 부족으로 엔진이 과열되었을 경우 급하게 차가운 냉각수를 공급하면 엔진에 균열이 발생할 수 있다.

해설 36 눈길, 진흙길, 모랫길에서는 2단 기어를 사용하여 차바퀴가 헛돌지 않도록 천천히 가속한다.

해설 37 휠 얼라인먼트에는 캠버, 캐스터, 토인, 조향축(킹핀), 경사각 등이 있다.

해설 38 스프링에는 판, 코일, 토션바, 공기스프링이 있다.

해설 39 감속 브레이크는 제3의 브레이크라고도 하며, 엔진·제이크·배기·리타더 브레이크가 있다.

해설 40 정부 재원을 확보하기 위해 자동차 검사를 하는 것은 아니다.

해설 41 자동차가 제동을 시작하여 완전히 정지하기 전까지의 시간을 제동시간이라 한다.

해설 42 원심력은 평면곡선 반지름, 타이어와 노면의 횡방향 마찰력, 편경사와 관련이 있다. 시선유도시설과는 관련이 없다.

해설 43 앞차와의 간격을 좁혀 앞지르기 시도를 막으면 충돌위험이 급격히 증가하게 된다.

해설 44 차가 한쪽으로 미끄러지는 것을 느껴 핸들 방향을 미끄러지는 방향으로 돌려주어 대처하는 것은 뒷바퀴의 바람이 빠졌을 때의 대처방법이다.

해설 45 눈, 빗길에서는 미끄럼이 발생하여 제동거리가 길어지므로 사고 가능성이 높아진다.
따라서 눈, 빗길에서 노면에 대한 관찰 및 주의가 결여되면 사고로 이어질 확률이 높아진다.

해설 46 버스정류장(Bus Bay)은 본선에서 분리하여 설치된 띠 모양의 공간이며, 버스정류소(Bus Stop)는 본선의 오른쪽 차로를 그대로 이용하는 공간을 말한다.

해설 47 시야 고정이 많은 운전자는 위험에 대응하기 위해 경적이나 전조등을 좀처럼 사용하지 않는다. 위험 자체에 대한 인지가 부족하기 때문이다.

해설 48 횡단보도 부근으로 보행자가 횡단하고 있을 때 가장 올바른 운전방법은 보행자의 통행을 방해하지 않도록 정지했다가 통과하는 것이다.

해설 49 해질 무렵, 터널 등 조명조건이 불량한 경우에는 감속하여 주행하여야 한다.

해설 50 다른 차량과의 합류 시, 차로변경 시, 진입차선을 통해 고속도로로 들어갈 때에는 적어도 4초의 간격을 허용하도록 한다.

해설 51 타이어 마모에 영향을 주는 요인으로는 무거운 하중, 빠른 속도, 급커브, 잦은 브레이크, 거친 노면, 정비불량, 높은 기온, 운전습관, 트레드 패턴 등이 있다. 저속으로 주행하면 고속주행에 비해 상대적으로 타이어가 보호된다.

해설 52 반드시 저단 기어 상태에서 차를 멈출 필요는 없다.

해설 53 야간에 식별이 가장 곤란한 보행자는 검은색 옷을 입은 보행자이다.

해설 54 회전교차로는 일반적으로 사고빈도가 낮아 교통안전수준을 향상시키는 특징이 있다.

해설 55 혈중알코올 농도에는 음주량, 사람의 체중, 성별, 위 내 음식물의 종류, 음주 후 측정시간 등이 영향을 미친다. 모발의 상태는 혈중알코올 농도와 관련이 없다.

해설 56 비가 오는 것은 환경요인이다.
인간 요인에 의한 연쇄과정은 다음과 같은 예를 들 수 있다.
• 아내와 싸웠다.
• 출근이 늦어졌다.
• 초조하게 운전을 한다.
• 과속으로 운전을 한다.
• 전방 커브에 느린 차를 미처 발견하지 못한다.

해설 57 편경사에 대한 정의를 묻는 문제이다.

해설 58 충격흡수시설의 정의를 묻는 문제이다.

해설 59 선택적 주시과정에서 어느 한 물체에 시선을 뺏겨 오래 머무는 현상을 주의의 고착이라고 한다.

해설 60 초보운전자는 주관적 안전과 객관적 안전을 균형적으로 인식하지 못해서 위험도가 높다.

해설 61 야간에 대향차의 전조등 눈부심으로 인해 순간적으로 보행자를 잘 볼 수 없게 되는 현상으로 보행자가 교차하는 차량의 불빛 중간에 있게 되면 운전자가 순간적으로 보행자를 전혀 보지 못하게 되는데, 이를 증발현상이라 한다.

해설 62 길어깨는 도로를 보호하고 비상시에 이용하기 위하여 차도와 연결하여 설치하는 도로의 부분으로 갓길이라고도 한다.

해설 63 습기를 제거할 때에는 배터리를 반드시 분리한 상태에서 실시한다.

해설 64 지방도에서의 시인성 확보를 위해서는 문제를 야기할 수 있는 전방 12~15초의 상황을 확인한다. 거기까지 볼 수 없다면 시야가 트일 때까지 속도를 줄이고 제동준비를 해야 한다.

해설 65 시가지 이면도로에서 경음기나 전조등을 이용하는 것은 올바른 방어운전 방법이 아니다.

해설 66 장애인 보조견을 자동차 안으로 데리고 들어오는 경우 제지해서는 안 된다.

해설 67 제공됨과 동시에 소비되는 것은 동시성에 대한 설명이다.

해설 68 정류장 금연구역의 단속과 안내 등은 버스체계의 특성과 관련이 없다.

해설 69 편도 3차로 이상의 도로로 기하구조가 전용차로를 설치하기 적당한 구간에 설치한다.

해설 70 차 앞에서 구조를 기다리는 경우 2차사고 발생 시 인명피해의 우려가 있다.

해설 71 개인의 이미지는 상대방에 의해 결정된다.

해설 72 버스도착 예정시간 사전확인은 이용자(승객)의 기대효과이다.

해설 73 버스준공영제는 형태에 의해 노선, 수입금, 자동차 공동관리형으로 구분된다.

해설 74 어떠한 경우에도 과속운전을 해서는 안 된다.

해설 75 심폐소생술 시술 시 가슴압박 30회와 인공호흡 2회를 반복한다.

해설 76 전세버스와 특수여객은 자율적으로 요금을 결정한다.

해설 77 야간의 커브 길은 진입하기 전에 상향등을 깜박거려 반대차로를 주행하고 있는 차에게 자신의 진입을 알려야 한다.

해설 78 목격자에 대한 사고 상황조사는 사고당사자 및 목격자조사 시에 확인해야 할 일이다.

해설 79 단말기는 카드인식, 정보처리, 킷값 관리, 정보저장장치로 구성된다.

해설 80 100명의 운수종사자 중 99명의 운수종사자가 바람직한 서비스를 제공한다 하더라도 승객이 접해본 단 한 명이 불만족스러웠다면 승객은 그 한 명을 통하여 회사 전체를 평가하게 된다.

[정답]

1	2	3	4	5	6	7	8	9	10
①	③	②	②	②	①	③	①	③	④
11	12	13	14	15	16	17	18	19	20
④	②	④	①	①	②	④	④	②	②
21	22	23	24	25	26	27	28	29	30
③	①	②	①	④	③	②	①	④	④
31	32	33	34	35	36	37	38	39	40
②	④	③	①	②	③	①	④	②	③
41	42	43	44	45	46	47	48	49	50
①	②	③	②	③	①	①	④	③	③
51	52	53	54	55	56	57	58	59	60
③	③	②	④	③	④	③	③	③	③
61	62	63	64	65	66	67	68	69	70
②	④	④	④	②	④	②	③	④	④
71	72	73	74	75	76	77	78	79	80
③	①	②	④	③	②	④	①	②	④

저자소개

저자 : 양재호

■ 학력
- 인천대학교 건설환경공학과 박사(교통공학전공)
- 한양대학교 도시공학과 석사(교통공학전공)
- 한양대학교 교통공학과 학사

■ 경력
- 現) 인천대학교 건설환경공학과 겸임교수
- 現) 트랜스에듀 대표강사
- 現) 대한교통학회 종신회원
- 現) 한국도로학회 종신회원
- 現) 한국ITS학회 종신회원
- 現) 대한국토도시계획학회 정회원

- 인천광역시 공공디자인위원회 교통분야 심의위원
- 인천광역시 교통연수원 교재편찬위원회 심의위원
- 인천광역시 교통연수원 외래강사
- 인천광역시 교통영향평가 심의위원
- 인천광역시 주민참여예산제도 건설교통분과 예산위원
- 서울특별시 금천구 도시계획위원회 심의위원
- 서울특별시 민방위교육 교통안전분과 심의위원
- 경기도 제안심사위원회 심사위원
- 인천도시공사 기술자문위원
- 한국교통안전공단 인천지사 외래교수
- 서울특별시교통연수원 외래강사
- 경기도교통연수원 외래강사

- 인천대학교 공학기술연구소 연구교수
- 한양대학교 교통물류공학과 연구교수
- 인천교통공사 교통연수원 전임교수
- 인천대학교 도시과학연구원 연구원
- 인천교통공사 사원

■ 저서
- 교통용어정보사전(골든벨, 2014)
- 교통기사 필기·실기(예문사, 2015)
- 서울메트로 필기시험 교통공학(서원각, 2015)
- 교통경찰 특별채용 구술실기(예문사, 2015)
- 화물운송종사자격시험 핵심문제(예문사, 2015)
- 버스운전자격시험 핵심문제(예문사, 2015)
- 화물운송종사자격시험 3일만에끝내기(예문사, 2016)
- 버스운전자격시험 3일만에끝내기(예문사, 2016)
- 서울도시철도공사 교통공학 교통계획(예문사, 2016)
- No.1교통기사 필기(예문사, 2016)
- No.1교통기사 실기(예문사, 2016)
- 교통경찰특채 합격비법서(트랜북스, 2016)
- 2017 교통경찰특채 합격비법서(트랜북스, 2016)
- 서울메트로 필기시험 교통공학(서원각, 2017)
- No.1 양재호의교통기사필기(예문사, 2017)
- No.1 양재호의교통기사실기(예문사, 2017)
- 2018 양재호의 교통기사 필기(예문사, 2018)
- 2018 양재호의 교통기사 실기(예문사, 2018)
- 화물운송종사자격시험 3일만에 끝내기(예문사, 2018)
- 버스운전자격시험 3일만에 끝내기(예문사, 2018)
- 대구도시철도공사 필기시험 교통공학 기출문제 복원 및 해설(14,15,16,17년도)(이클래스마켓,2018)
- 경기도교통시설직 기출문제 복원 및 해설 (15,16,17,18년도)(이클래스마켓,2018)
- 2017년도 상반기 교통안전공단 연구교수 6급 교통 필기시험 기출문제 복원 및 해설(이클래스마켓,2018)
- 양재호의 버스운전자격시험(트랜북스, 2019)
- 양재호의 화물운송종사자격시험(트랜북스, 2019)
- 양재호의 택시운전자격시험(트랜북스, 2021)
- 양재호의 교통기사 필기 기출편(트랜북스, 2021)
- 양재호의 교통기사 필기 이론편(트랜북스, 2021)
- 양재호의 교통기사 실기 (트랜북스, 2021)
- 양재호의 버스운전자격시험(트랜북스, 2021)
- 양재호의 화물운송종사자격시험(트랜북스, 2021)
- 양재호의 교통기사 필기 기출편(트랜북스, 2022)
- 양재호의 교통기사 필기 이론편(트랜북스, 2022)
- 양재호의 교통기사 실기(트랜북스, 2022)
- 공무원 도시계획 기출문제 해설(트랜북스, 2022)
- 공무원·공기업 교통공학 기출문제 복원 및 해설(트랜북스, 2022)
- 양재호의 교통기사 필기 기출편(트랜북스, 2023)
- 양재호의 교통기사 필기 이론편(트랜북스, 2023)
- 양재호의 교통기사 실기(트랜북스, 2023)
- 양재호의 교통기사 필기 기출편(트랜북스, 2024)
- 양재호의 교통기사 필기 이론편(트랜북스, 2024)
- 양재호의 교통기사 실기(트랜북스, 2024)
- 양재호의 교통기사 필기 기출편(트랜북스, 2025)
- 양재호의 교통기사 필기 이론편(트랜북스, 2025)
- 양재호의 교통기사 실기(트랜북스, 2025)
- 양재호의 화물운송종사자격시험(트랜북스, 2025)

• 유튜브 : 양재호의 도시교통

양재호의 버스운전 자격시험

발 행 일	2019년 01 월 15 일 1판 1쇄 발행
	2019년 04 월 30 일 1판 2쇄 발행
	2019년 08 월 30 일 1판 3쇄 발행
	2020년 01 월 30 일 1판 4쇄 발행
	2020년 07 월 15 일 1판 5쇄 발행
	2021년 01 월 31 일 2판 1쇄 발행
	2021년 12 월 15 일 2판 2쇄 발행
	2024년 01 월 31 일 3판 1쇄 발행
	2025년 03 월 31 일 4판 1쇄 발행

저 자	양재호
발 행 인	조정연
기획/제작/마케팅	양재호
발 행 처	트랜북스
주 소	인천광역시 남동구 청능대로 596
홈 페 이 지	https://smartstore.naver.com/tranbooks
I S B N	979-11-93643-31-0 (13550)
값	18,000원

※ 이 책은 대한민국 저작권법의 보호를 받는 저작물입니다.
　트랜북스의 허락 없이 이 책의 일부나 전체를 어떠한 형태로도 가공, 수정 및 재배포 할 수 없으며, 특히 교재를 활용한 동영상강의 등의 2차 가공을 엄격히 금합니다.
※ 낙장 및 파본은 구입하신 서점에서 바꿔드립니다.